ソフトウェアで体験して学ぶ

ディジタルフィルタ
DIGITAL FILTER

陶山 健仁［著］

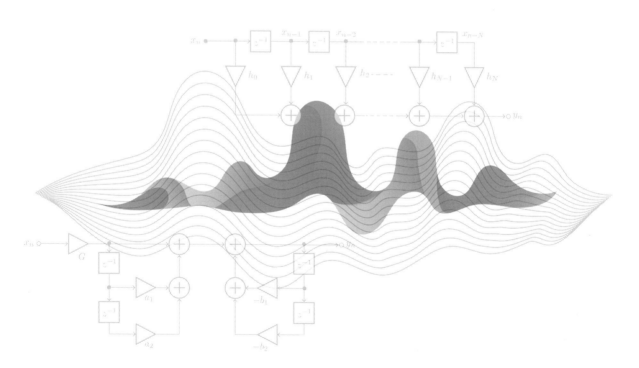

Ohmsha

はじめに

高性能なパソコンやマイコンが安価に入手できるようになって，情報通信技術，組み込みシステム技術などの基盤技術である**ディジタル信号処理**（digital signal processing）の重要性がますます高まっています。

ディジタルフィルタ（digital filter）は，ディジタル信号処理の中心的な役割を担う重要な信号処理回路であり，半世紀を超える研究・開発を経て，すでに実用レベルに達しています。しかし，ディジタルフィルタの理論には複雑な数式が含まれているのに加え，システムの動作の直感的なイメージがつかみづらいといった点などが要因となり，初学者や現場の技術者の理解を妨げることがあります。

本書では，複雑な数式を用いた説明も含みますが，筆者が東京電機大学ディジタル信号処理研究室で作成し，学部，大学院の授業でも活用しているソフトウェアを用いて，ディジタルフィルタの動作を直感的に理解できるようサポートします。

本書のソフトウェアは，大学や高専，専門学校の先生方や学生の皆さんが授業やゼミで活用いただくことを期待しています。ディジタル信号処理を学ぶうえで，問題集と呼ばれるものはほとんど存在していないのですが，本書のソフトウェアでは自分で問題を作る，もしくは実行者によって問題が変わるような工夫を入れているものもあります。

さらに，現場の技術者が自らの業務に役立てるためのヒントを提供できるよう心がけており，本ソフトウェアを実務に活用いただくことを強く期待しております。

本書で提供するソフトウェアの作りは単純ですが，ディジタルフィルタの学習，実務への応用を念頭に，信号や特性の表示方法やインタフェースを工夫しています。

本書は次のように構成しています。

第1章 ディジタルフィルタを体験しよう
第2章 ディジタルフィルタの基本動作を知ろう
第3章 IIR フィルタを設計しよう
第4章 FIR フィルタを設計しよう

第1章では，難しい理論は抜きでソフトウェアを用いてディジタルフィルタを体験するとともに，本書で使用するディジタルフィルタへの入力信号の作成方法を解説します。

第2章では，ディジタルフィルタの動作を理解するうえで必要となるディジタル信号処理技術について解説し，ディジタルフィルタが IIR フィルタと FIR フィルタの2つに分類されることを説明します。その際，どうしても難解な数式が伴いますが，ソフトウェアを用いて理解をサポートします。

第3章では，IIR フィルタの設計法について解説するとともに，IIR フィルタの応用としてノッチフィルタ，オールパスフィルタについて紹介します。設計法としては，アナログフィル

タをベースにした設計法を用います。その際，ソフトウェアを用いて IIR フィルタを設計するとともに，IIR フィルタの動作についても体験します。

　第 4 章では，FIR フィルタの設計法について解説するとともに，FIR フィルタの魅力的な特性である直線位相特性について紹介します。設計法としては，理想的なディジタルフィルタの特性をベースにした設計法と所望特性に直接近づける設計法を用います。その際に，ソフトウェアを用いて FIR フィルタを設計するとともに，FIR フィルタの動作についても体験します。さらに，FIR フィルタを実装する際の係数量子化の影響についても解説します。

　本書を執筆するにあたり，授業中にソフトウェアを体験していただいた東京電機大学工学部電気電子工学科の学生諸氏に感謝申し上げます。割り込み処理など一切考えない素人感満載のソフトウェアでありながら，課題や自己学習等に活用いただきました。また，収録音声の録音のために無響室をご提供いただきました東京電機大学 金田 豊 教授，ならびに収録にご協力いただきました東京電機大学 池田 千夏さんに感謝申し上げます。

　著者のディジタルフィルタに関する知識は電気通信大学 故 岩倉 博 教授にご指導いただいたものです。知識だけでなく，本書で提供しているソフトウェアのなかにも著者が学生時代に岩倉教授との会話のなかで，「こんな機能を搭載したソフトウェアがあるといいよね」と言われたことがヒントになっているものも含まれております。博識な師との出逢いに改めて無上の喜びを感じるとともに，ご指導いただけたことに感謝申し上げます。

　末筆となりますが，貴重な書籍の執筆の機会を与えていただいたにも関わらず，遅筆かつわがままな著者に最後までご協力いただきましたオーム社編集局の皆さまに深謝申し上げます。

　2020 年 9 月

著　者

ソフトウェアのダウンロード方法について

　本書のソフトウェア（以下，本ソフトウェア）はオーム社のホームページからダウンロードできます。

　　https://www.ohmsha.co.jp/　　（書名で検索）

本ソフトウェアのご利用にあたっては以下の点にご注意ください。

- 本ソフトウェアは本書をお買い求めになった方が，自己学習のため，また先生方が授業，ゼミなどにご利用いただけます。
- 本ソフトウェアの著作権は，本書の著作者である陶山健仁氏に帰属します。
- 本ソフトウェアの情報は 2020 年 10 月時点のものです。バージョンアップなどによって表示や動作が変わることがありますのでご注意ください。
- 本ソフトウェアの注意点および免責事項について付録 B に記載してあります。ご参照ください。

目　次

Chapter 1　ディジタルフィルタを体験しよう　　1

1.1　ディジタルフィルタの体験（その1）：低域通過フィルタ ………… 2

1.2　ディジタルフィルタの体験（その2）：ノイズ除去1 ……………… 6

1.3　ディジタルフィルタの体験（その3）：帯域除去フィルタ ……… 11

1.4　ディジタルフィルタの体験（その4）：ノイズ除去2 …………… 14

1.5　ディジタルフィルタの体験（その5）：平均化フィルタ ………… 17

1.6　ディジタルフィルタの体験（その6）：IIR フィルタ …………… 22

1.7　ディジタルフィルタの体験（その7）：極と零点 ……………… 25

1.8　ディジタルフィルタの体験（その8）：ノッチフィルタ ……… 30

1.9　音声信号にノイズを付加しよう ………………………………… 33

1.10　音声信号に正弦波を付加しよう ………………………………… 38

Chapter 2　ディジタルフィルタの基本動作を知ろう　　43

2.1　ディジタル信号 ……………………………………………………… 44

2.1.1　信号とフーリエ解析 ………………………………………… 44

2.1.2　複素フーリエ級数と周波数スペクトル …………………… 46

2.1.3　サンプリングとディジタル信号 …………………………… 48

2.1.4　正規化周波数 ………………………………………………… 54

2.2　離散信号に対するフーリエ解析 …………………………………… 56

2.2.1　離散時間フーリエ変換と離散フーリエ変換 ……………… 56

2.2.2　スペクトログラム …………………………………………… 67

2.3　離散時間システム …………………………………………………… 72

2.3.1　線形時不変システム ………………………………………… 72

2.3.2　単位インパルス信号とインパルス応答 …………………… 72

2.4　FIR フィルタと IIR フィルタ …………………………………… 75

2.5 たたみ込みと因果性・安定性 ……………………………………………… **79**

 2.5.1 たたみ込み ……………………………………………………………… 79

 2.5.2 因果性と安定性 ………………………………………………………… 85

2.6 周波数特性 ……………………………………………………………………… **87**

2.7 ディジタルフィルタの伝達関数 ……………………………………………… **94**

 2.7.1 z 変換 …………………………………………………………………… 94

 2.7.2 z 変換の性質 …………………………………………………………… 97

 2.7.3 伝達関数 ………………………………………………………………… 98

 2.7.4 極・零点配置と周波数特性 …………………………………………… 100

 2.7.5 2 次 IIR フィルタの縦続接続 ………………………………………… 105

 2.7.6 フィルタ係数と振幅特性 ……………………………………………… 107

 2.7.7 縦続接続の極・零点配置と周波数特性 ……………………………… 116

2.8 ディジタルフィルタの回路構成 ……………………………………………… **120**

2.9 ディジタルフィルタの設計目標特性 ………………………………………… **123**

 2.9.1 低域通過フィルタ ……………………………………………………… 123

 2.9.2 高域通過・帯域除去・帯域通過フィルタ …………………………… 129

コラム 1 部分分数分解をトレーニングしよう！ …………………………… **132**

Chapter 3 IIR フィルタを設計しよう 133

3.1 IIR フィルタの実行 …………………………………………………………… **134**

3.2 アナログフィルタに基づく IIR フィルタの設計の考え方 ……………… **137**

3.3 インパルス不変変換法 ………………………………………………………… **139**

 3.3.1 インパルス不変変換法の原理 ………………………………………… 139

 3.3.2 インパルス不変変換法による IIR フィルタの設計 ………………… 141

3.4 双一次 z 変換法 ……………………………………………………………… **147**

 3.4.1 双一次 z 変換法の原理 ……………………………………………… 147

 3.4.2 双一次 z 変換法による IIR フィルタの設計 ……………………… 148

3.5 ノッチフィルタ ………………………………………………………………… **156**

 3.5.1 ノッチフィルタの原理と周波数特性 ………………………………… 156

 3.5.2 ノッチフィルタの動作 ………………………………………………… 160

 3.5.3 多段ノッチフィルタ …………………………………………………… 163

3.6 オールパスフィルタ …………………………………………………………… **169**

 3.6.1 オールパスフィルタの原理 …………………………………………… 169

3.6.2 オールパスフィルタの動作 ……………………………………… 171

コラム 2 2 次 IIR フィルタの出力計算をトレーニングしよう！ …… 173

Chapter **4** **FIR フィルタを設計しよう** **175**

4.1 FIR フィルタの実行 ……………………………………………… **176**

4.2 直線位相特性 …………………………………………………… **179**

4.3 平均化フィルタ ………………………………………………… **187**

4.3.1 平均化フィルタの原理 ……………………………………… 187

4.3.2 平均化フィルタの周波数特性 ……………………………… 191

4.3.3 平均化フィルタの動作 ……………………………………… 194

4.4 窓関数法による直線位相 FIR フィルタの設計 ……………… **199**

4.4.1 矩形窓と窓関数の効果 ……………………………………… 199

4.4.2 ハニング窓 ……………………………………………………… 201

4.4.3 ブラックマン窓 ………………………………………………… 202

4.4.4 ハミング窓 ……………………………………………………… 203

4.4.5 窓関数法による設計手順 …………………………………… 204

4.4.6 窓関数法による直線位相 FIR フィルタの設計例 ………… 204

4.4.7 窓関数法の応用 ……………………………………………… 212

4.5 最小 2 乗法による設計法 …………………………………… **217**

4.5.1 最小 2 乗法の考え方 ………………………………………… 217

4.5.2 最小 2 乗法による直線位相 FIR フィルタの設計 ………… 218

4.5.3 最小 2 乗法による直線位相 FIR フィルタの設計例 ……… 220

4.5.4 最小 2 乗法による任意遅延 FIR フィルタの設計 ………… 224

4.5.5 最小 2 乗法による任意遅延 FIR フィルタの設計例 ……… 225

4.6 フィルタ係数量子化の効果 ………………………………… **229**

コラム 3 平均化フィルタの出力計算をトレーニングしよう！ …… 236

付録 A WAV ファイルを扱おう ……………………………………… 238

付録 B 収録ソフトウェアについて ………………………………… 246

索　引 ……………………………………………………………………… 247

Chapter **1**

ディジタルフィルタを
体験しよう

第 1 章では，まず本書で提供するプログラムでディジタルフィルタを体験し，ディジタルフィルタがどんなもので，どういったことができるのかを把握します。そのうえで，ディジタルフィルタの詳しい理論と動作については第 2 章以降で解説します。

ディジタルフィルタがどのようなものか，まずは体験してみましょう。

1.1 ディジタルフィルタの体験（その1）： 低域通過フィルタ

　ノイズ（雑音）が重畳した方形波信号に対してフィルタ処理を行い，ノイズを除去して正しい信号を出力するディジタルフィルタを体験してみましょう。

　収録ソフトウェアの第1章フォルダ内の「ディジタルフィルタの体験1.exe」を起動してください。図1.1のウィンドウが現れます。ウィンドウの左側がフィルタに対する入力波形（上）とその周波数成分（下）を表しています。右側はフィルタリングを行った後の出力波形（上）とその周波数成分（下）を表しています。今はあまり変化がないことが見てわかりますね。

　ノイズは方形波に含まれる周波数成分と比べると，高い周波数側の成分のみをもっています。そのため，ここでは低い周波数成分のみを通過する低域通過フィルタ（Low Pass Filter：LPF）処理を行います。

　信号に含まれる周波数成分の求め方，低域通過フィルタについては第2章，設計法については第3章，第4章で説明します。グラフ横軸の周波数は正規化周波数を表しており，その範囲が $f:[0,0.5]$ であることは第2章で説明します。

　ウィンドウ右下に配置しているスクロールバーを動かすと，フィルタのカットオフ周波数 f_c が変更され，信号が通過する周波数帯域を制限できます。図1.1では右側いっぱいに設定しているため，全帯域が通過し，入力波形と出力波形がほぼ同じ形状をしています。

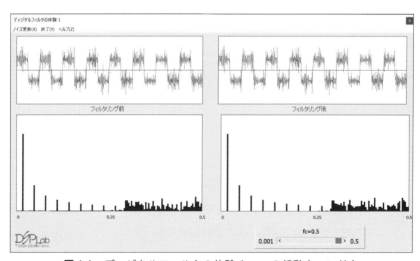

図 1.1　ディジタルフィルタの体験 1.exe の起動ウィンドウ

図 1.2 に示すようにスクロールバーを動かすと，カットオフ周波数が変更され，ノイズが
カットされることが確認できます。

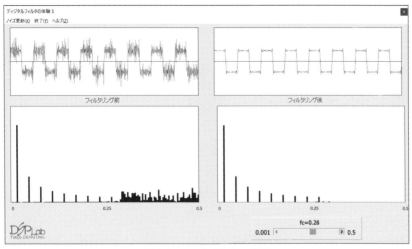

図 1.2　ノイズ除去の様子

　ウィンドウ上部メニューバーの「ノイズ更新」をクリックすると，図 1.3 に示すように重
畳ノイズが変更されます。ノイズが変更されるとノイズの周波数帯域も変更されるため，図
1.4 に示すように，再びスクロールバーを動かし，ノイズをカットする周波数帯域を調整しま
しょう。

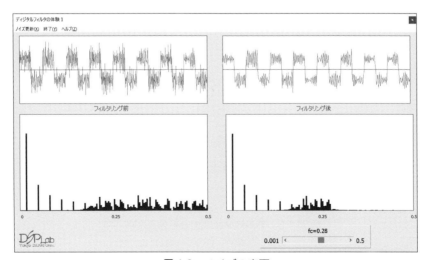

図 1.3　ノイズの変更

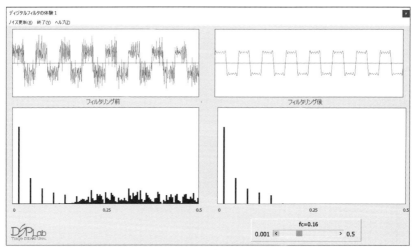

図 1.4　ノイズ除去の様子

このソフトウェアでは，実行するたびに付加するノイズの周波数帯域が異なります。そのため，タイミングによっては図 1.5 のような高周波ノイズとなってしまい，本来除去すべきではない成分も除去し，元の方形波の形状が崩れることがあります。その場合は，図 1.6 のようにスクロールバーを動かして，カットオフ周波数を高周波数側に設定すると波形が整形されます。

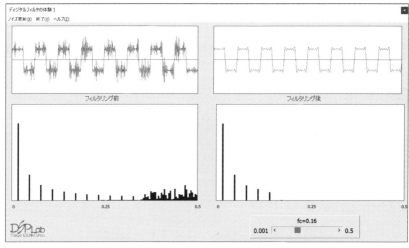

図 1.5　高周波ノイズのみを含んだ例

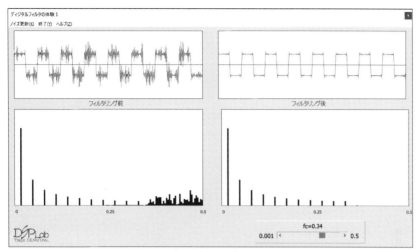

図 1.6 高周波ノイズのみの除去

「ノイズ更新」を何度かクリックして，ノイズ波形と周波数成分の様子や，低域通過フィルタのカットオフ周波数と出力波形の様子を体験してください。

1.2 ディジタルフィルタの体験（その2）: ノイズ除去1

次に音声信号に付加されたノイズを除去するフィルタを体験してみましょう。

収録ソフトウェアの第1章フォルダ内の「ディジタルフィルタの体験2.exe」を起動してください。図1.7のウィンドウが現れます。

図 1.7 ディジタルフィルタの体験 2.exe の起動ウィンドウ

このソフトウェアを使用するためには，最初に音声ファイルを読み込みます。メニューバーの「音声入力」→「WAVファイル入力」をクリックし，現れるファイル選択画面で収録ソフトウェアのデータフォルダ内の「サンプル音声.wav」を選択します。ファイルを選択して 開く を選ぶと，音声ファイルから音声データを読み込み，図1.8の上側のように表示されます。

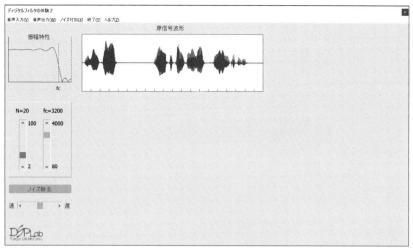

図 1.8 WAV ファイルの読み込み

図 1.9 のようにメニューの「ノイズ付加」を選択してノイズのパワーの大小を選択すると，この音声信号にノイズを付加することができます。試しに「パワー大」を選ぶと，図 1.10 のように原信号にノイズを付加した信号がウィンドウ中段に表示されます。

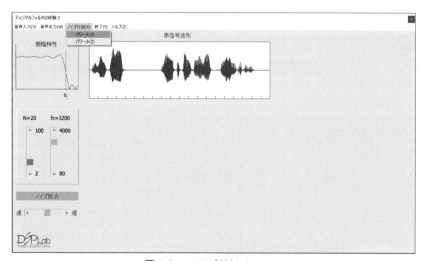

図 1.9 ノイズ付加メニュー

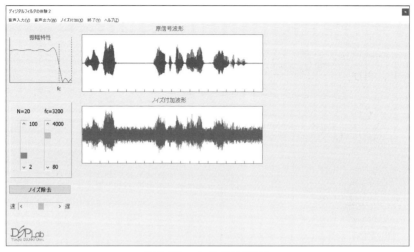

図 1.10　ノイズ付加信号

　ノイズには，1.1 節と同様に高周波帯域のみで成分を有するランダム信号を用いています。そのため，このノイズを除去するためには 1.1 節と同じく低域通過フィルタ処理を行います。

　このソフトウェアには，ウィンドウ左上部に示すような低域通過フィルタを実装しています。N はフィルタの複雑さを表すフィルタ次数，f_c はカットオフ周波数を表します。パラメータの詳細は第 2 章以降で解説します。

　ウィンドウ左下の ノイズ除去 ボタンを押すと，フィルタ処理が開始され，図 1.11 のようにウィンドウ下側にフィルタの出力波形，右上側にフィルタの入力波形の周波数成分，右下側に出力波形の周波数成分が表示されます。

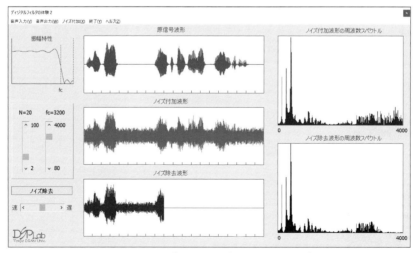

図 1.11　ノイズ除去信号（未完成フィルタ）

この例では，低域通過フィルタの設定がうまくいっておらず，出力波形にノイズが残留しています。ウィンドウ右側の周波数成分を見ても，高周波帯域のノイズ成分が残留している様子が確認できます。そこで，図 1.12 のように f_c をウィンドウ右上部の周波数成分を参考にしながら設定し，再び ノイズ除去 ボタンを押すと，ノイズがある程度除去されることが確認できます。

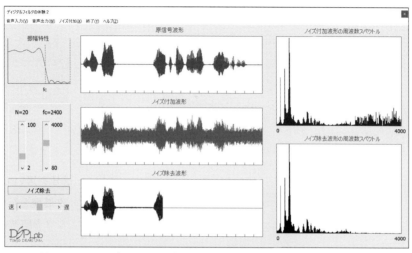

図 1.12 ノイズ除去信号（カットオフ周波数を調整したフィルタ）

さらに，図 1.13 のように，フィルタ次数を上げると低域通過フィルタの f_c 付近の遮断特性が鋭くなり，ノイズ除去性能が向上します。ウィンドウ左上の振幅特性の傾きが急峻になっていることが見てとれます。

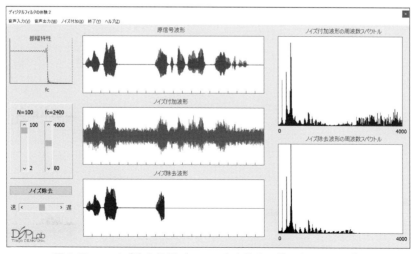

図 1.13 ノイズ除去信号（フィルタ次数を調整したフィルタ）

付加ノイズは「ノイズ付加」メニューでノイズを選択するたびに更新されますので，いろいろなノイズに対して低域通過フィルタの効果を体験してください。

　メニューバーの「音声出力」→「WAV ファイル出力」を選択し，WAV ファイルとして保存すれば，出力信号を聴くことができます。出力信号の再生には Windows Media Player などが利用できます。

　このソフトウェアでは音声の録音・再生機能も実装しています。録音・再生ともにモノラル信号に限定しています。録音するためには，メニューバーの「音声入力」→「録音」を選択します。録音時間は 10 秒，サンプリング周波数は 8,000[Hz] に固定しています。入力デバイスはパソコンのサウンド入力デバイスとして指定されているものを使用します。

　音声の再生にはメニューバーの「音声出力」→「再生」を選択し，再生したい信号を選択します。出力デバイスは，パソコンのサウンド出力デバイスとして指定されているものを使用します。

　自分の音声の波形を視覚的に確認するとともに，低域通過フィルタの効果を聴感的に体験してください。

1.3　ディジタルフィルタの体験（その3）：帯域除去フィルタ

　収録ソフトウェアの第1章フォルダ内の「ディジタルフィルタの体験3.exe」を起動してください。図1.14のウィンドウが現れます。

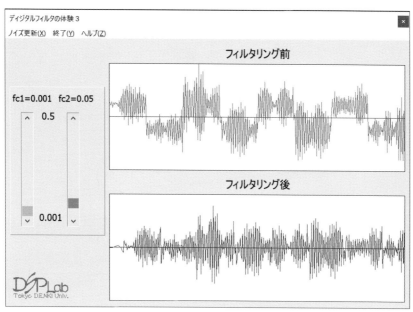

図 1.14　ディジタルフィルタの体験 3.exe の起動ウィンドウ

　このソフトウェアでは，1.1節，1.2節のソフトウェアとは異なり，方形波に重畳するノイズの周波数帯域がある帯域

$$f_{c1} < f < f_{c2} \tag{1.1}$$

に限定されています。そのため，$f:[f_{c1}, f_{c2}]$ のノイズを除去する帯域除去フィルタ（Band Elimination Filter：BEF）処理を行います。帯域除去フィルタの設計法については第2章，第4章で説明します。

　このソフトウェアでは，周波数成分を表示していませんので，f_{c1} と f_{c2} を試行錯誤しながら設定します。ノイズ除去の目安としては，フィルタリング後の方形波の立ち上がりがほぼ直線になるように f_{c1}，f_{c2} を設定してください。

　図1.14のように比較的高周波帯域のノイズの場合は，図1.15に示す程度の周波数帯域に設定すれば，ノイズを除去できます。帯域をそのままに設定した状態で，メニューバーの「ノイ

ズ更新」メニューをクリックすると，図 1.16 のように別のノイズが重畳しますので，さらに帯域の設定に挑んでください（図 1.17）。これを繰り返して，周波数帯域とノイズ波形の様子や帯域除去フィルタによるノイズ除去効果を体験してください。

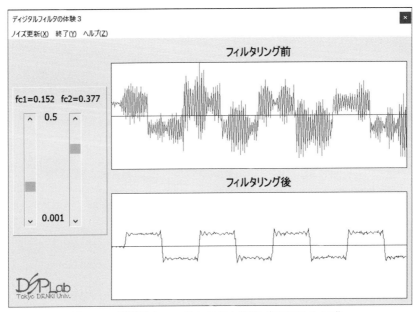

図 1.15 帯域除去フィルタの出力波形（高周波ノイズ）

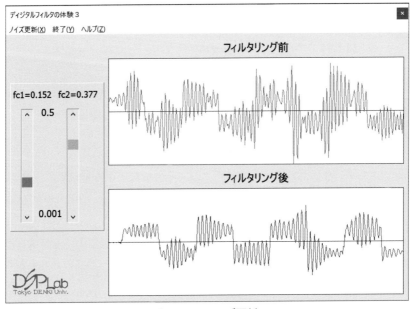

図 1.16 ノイズ更新

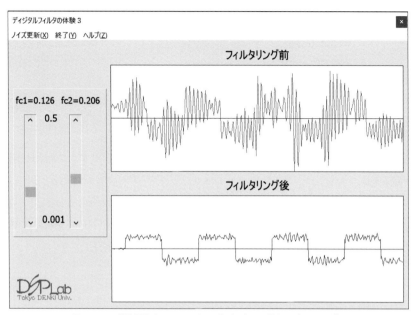

図 1.17 帯域除去フィルタの出力波形（低周波ノイズ）

1.4 ディジタルフィルタの体験（その4）： ノイズ除去2

　収録ソフトウェアの第1章フォルダ内の「ディジタルフィルタの体験4.exe」を起動してください。図1.18のウィンドウが現れます。

　このソフトウェアは1.2節のソフトウェアの帯域除去フィルタ版です。使用法も同様で，図1.19のように「音声入力」→「WAVファイル入力」で音声データを読み込み，図1.20のように，「ノイズ付加」メニューでノイズを付加します。

　付加ノイズは，1.3節と同様に，ある周波数帯域 $f_{c1} < f < f_{c2}$ にノイズ成分が限定されています。そのため，ノイズ除去には帯域除去フィルタ処理が必要です。

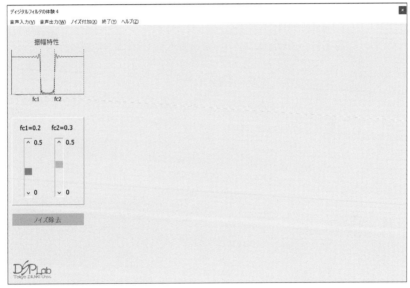

図1.18　ディジタルフィルタの体験4.exeの起動ウィンドウ

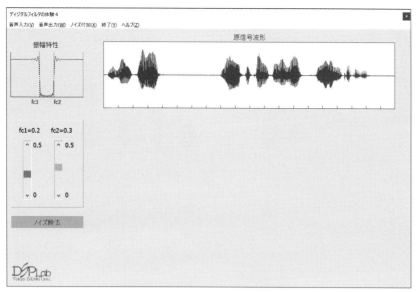

図 1.19　WAV ファイル読み込み

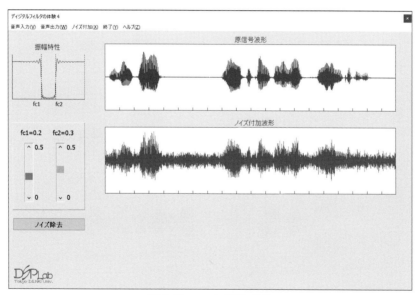

図 1.20　ノイズ付加信号

ノイズ除去 ボタンをクリックすると，図 1.21 のように出力信号が一番下に現れます。このとき，カットオフ周波数の設定が適切でない場合はノイズが残ってしまいます。適切にカットオフ周波数を設定できれば，図 1.22 のようにノイズを除去することができます。このソフトウェアは 1.2 節とは異なり，周波数成分を表示しません。そのため，f_{c1}，f_{c2} の設定は試行錯誤しながら行う必要があります。また，このソフトウェアでも，「ノイズ付加」メニューでノ

イズを付加するたびにノイズが更新されますので，カットオフ周波数を調整しながら，帯域除去フィルタの効果を体験してください。

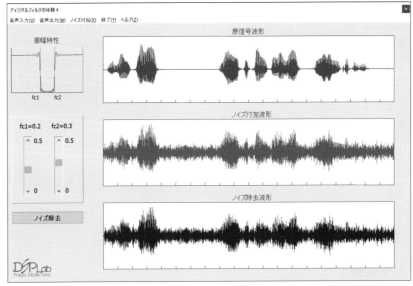

図 1.21 帯域除去フィルタの出力波形（未完成フィルタ）

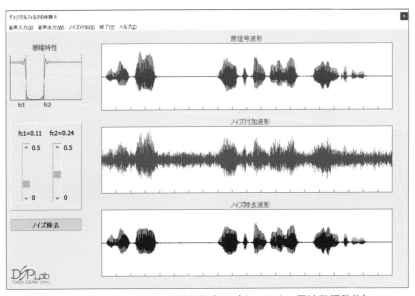

図 1.22 帯域除去フィルタの出力波形（カットオフ周波数調整後）

　1.2 節のソフトウェアと同様に，音声の録音・再生機能を実装していますので，フィルタリングの効果を聴感的に体験いただくとともに，自分の音声でもフィルタリングの機能を体験してください。

1.5　ディジタルフィルタの体験（その5）：平均化フィルタ

　収録ソフトウェアの第1章フォルダ内の「ディジタルフィルタの体験5.exe」を起動してください。図1.23のウィンドウが現れます。

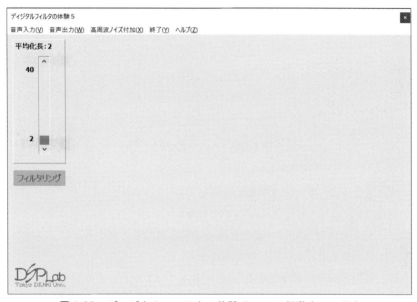

図1.23　ディジタルフィルタの体験5.exe の起動ウィンドウ

　このソフトウェアを使用するためには，最初に音声ファイルを読み込みます。メニューバーの「音声入力」→「WAVファイル入力」をクリックして音声ファイルを選択します。ここではデータフォルダ内の「サンプル音声.wav」を選択します。

　WAVファイルから音声データを読み込み，ソフトウェア内部でノイズを付加し，図1.24のようにウィンドウ上部にノイズ付加信号が表示されます。

　ノイズには，全帯域で一様にパワーをもつ平均0の白色ノイズ（ホワイトノイズ）を付加しています。ノイズはランダムであり，平均が0であるため，数サンプルの信号[1]を用意すれば，その平均はほぼ0になると考えられます。

---

[1]　ディジタル信号処理では信号は連続な値でなく，一点の時間間隔でサンプリングされています。詳しくは2.1.3項を参照してください。

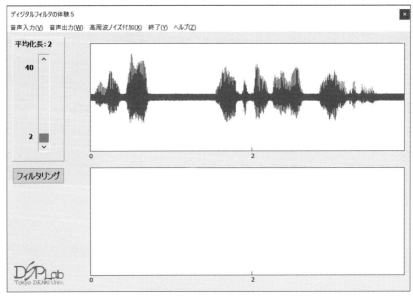

図 1.24　ノイズ付加信号

　さらに，音声信号に比べてノイズの変動は速いため，短い時間区間であれば，音声信号はノイズ信号から見ると，ほぼ一定と考えることができます。

　そのため，ノイズを付加した音声信号を短い時間区間で平均化するとノイズ成分は 0 となり，音声信号はそのまま出力されると考えられます。

　このように，短い区間で信号を平均化するフィルタを平均化フィルタと呼びます。平均化フィルタは現在の時刻と過去何サンプルかのデータを加算して，平均化します。平均化に用いるサンプルの個数を平均化長と呼ぶことにします。

　ウィンドウ左のスクロールバーを動かして平均化する個数，つまり平均化長を変更し，フィルタリング ボタンを押すと，平均化出力がウィンドウ下部に表示されます。

　図 1.25 の下側の波形は，平均化長 2 のときの結果を表しています。平均化長が 2 の場合は現在の時刻と直前の時刻のサンプルの平均化となるため，ノイズの大きさが同じで符号が逆でないと平均化で除去できません。そのため，フィルタリング後の波形にも，ノイズ信号がほとんどそのままで残留します。

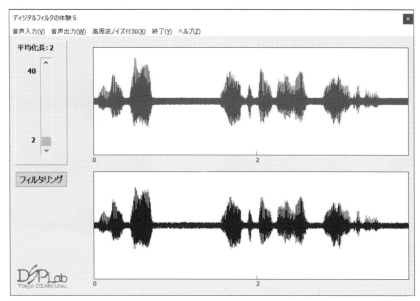

図 1.25 平均化長 2 の出力波形

　メニューバーの「音声出力」→「WAV ファイル出力」→「出力音声」を選択すると，WAV ファイルとして保存できます。また，「音声出力」→「再生」→「出力音声」を選択すれば，フィルタリング音声を聴くことができます。

　図 1.26 は，平均化長 6 の結果を表しています。ウィンドウ上側のノイズ付加信号と比べると，ノイズレベルが小さくなっていることが目視でも確認できます。これを保存し，平均化長 2 の場合と聴き比べると，平均化フィルタの効果を聴感的にも確認できます。

　図 1.27 は，平均化長 20 の結果を表します。ノイズレベルは圧倒的に小さくなっていますが，ノイズ付加信号と比べると元の音声波形成分も抑圧されていることが確認できます。これは平均化フィルタが低域通過フィルタとして動作し，平均化長が大きくなるほど効果が大きくなるため，音声信号に含まれる高周波成分もあわせて除去されているためです。

　これを聴いてみると，こもった感じで聴こえます。平均化フィルタの低域通過フィルタとしての動作については第 4 章で説明します。

　このソフトウェアでも自分の音声信号を録音できますので，このソフトウェアを用いて平均化フィルタの効果を聴感的に体験してください。

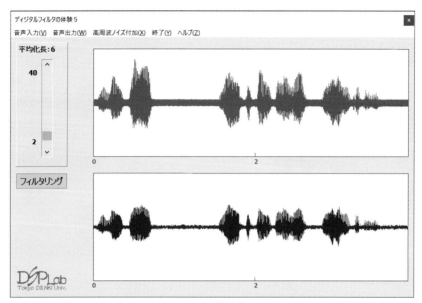

図 1.26　平均化長 6 の出力波形

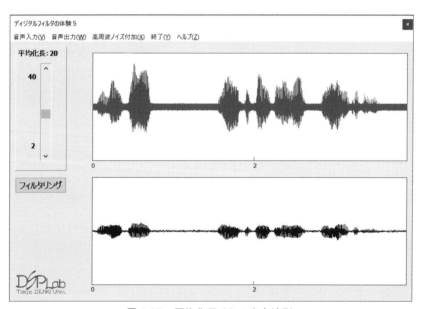

図 1.27　平均化長 20 の出力波形

　さらに，このソフトウェアでは，メニューバーの「高周波ノイズ付加」メニューをクリック
すると，図 1.28 のように，出力信号をいったんリセットし，入力信号にあらためて高周波ノ
イズを付加した信号が表示されます。高周波ノイズですので，音声信号と比べると非常に速く
振動します。そのため，平均化の効果が効果的に現れ，図 1.29 のように平均化長 2 でも十分

なノイズ抑圧効果が得られます。この場合は，元の音声信号がほとんど変形せずにノイズ抑圧ができますので，聴感的にも効果を確認できます。

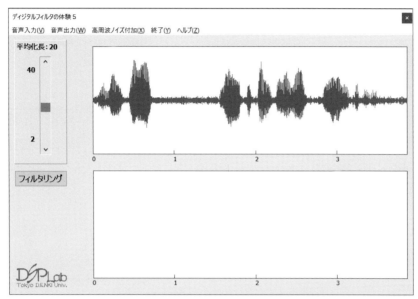

図 1.28 高周波ノイズ付加実行時の表示

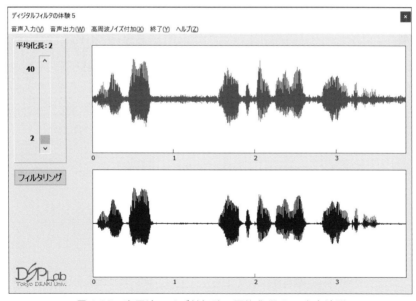

図 1.29 高周波ノイズ付加時の平均化長 2 の出力波形

　平均化という非常に単純な作業ですが，処理対象信号によっては非常に効果的であることが体験できます。

1.6 ディジタルフィルタの体験（その6）：IIRフィルタ

収録ソフトウェアの第1章フォルダ内の「ディジタルフィルタの体験 6.exe」を起動してください。図1.30に示すウィンドウが現れます。

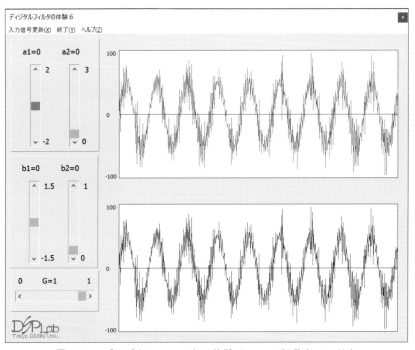

図1.30 ディジタルフィルタの体験 6.exe の起動ウィンドウ

このソフトウェアは，ある周波数の正弦波に付加されたノイズを，a_1，a_2，b_1，b_2，G の5つのパラメータ値を調整して除去します。ウィンドウ上部の入力信号 x_n とウィンドウ下部の出力信号 y_n の関係は次式で定義されます。

$$y_n = G(x_n + a_1 x_{n-1} + a_2 x_{n-2}) - b_1 y_{n-1} - b_2 y_{n-2} \tag{1.2}$$

この式は，時刻 n の出力 y_n が現在の入力 (x_n) と過去2サンプルの入力 (x_{n-1}, x_{n-2}) と過去2サンプルの出力 (y_{n-1}, y_{n-2}) の重み付け加算で決定されることを意味します。前節までのソフトウェアとの大きな違いは，このフィルタが現在の出力を求めるために，過去の出力を利用していることです。この式の意味は第2章で説明します。a_n や b_m の設計法は第3章で説明します。

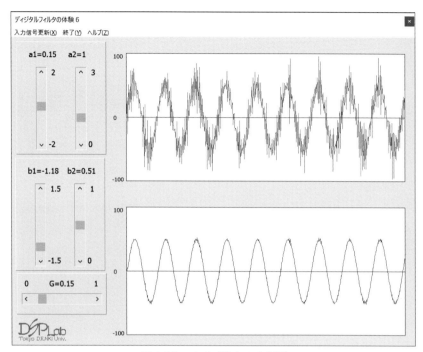

図 1.31 ノイズ除去の実行例

例として，図 1.31 のようなパラメータ値に設定すると，ウィンドウ下部のような出力波形が得られ，ノイズを除去できます。パラメータ値は，入力信号やノイズの性質によって変動しますので，試行錯誤して設定してください。

このフィルタは少ないパラメータで高いノイズ除去効果が得られますが，パラメータ値の設定を誤ると図 1.32 のように出力が不安定になることがあり，値の設定には注意が必要です。フィルタの安定性については，第 2 章で説明します。

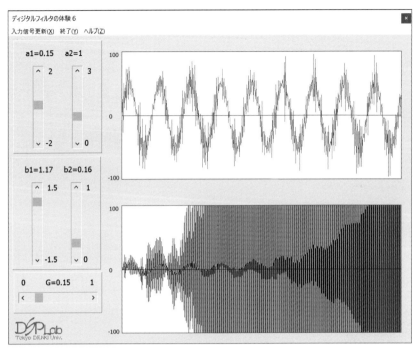

図 1.32　不安定な出力例

　メニューバーの「入力信号更新」をクリックすると入力信号の周波数が更新されます。5つ
のパラメータ値を調整して，過去の出力を利用するフィルタの動作を体験してください。

1.7 ディジタルフィルタの体験（その7）：極と零点

収録ソフトウェアの第1章フォルダ内の「ディジタルフィルタの体験7.exe」を起動してください。図1.33のウィンドウが現れます。

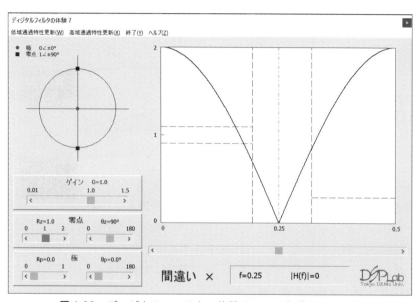

図1.33 ディジタルフィルタの体験7.exe の起動ウィンドウ

1.6節のソフトウェアでは，5つのパラメータを用いてディジタルフィルタのノイズ除去動作を体験しましたが，このソフトウェアも同様に5つのパラメータを用いてフィルタの特性を作ります。

パラメータの調整は，ウィンドウ左下側に配置した5つのスクロールバーで行います。パラメータは

- ゲイン
- 零点
- 極

であり，ゲインは1.6節の G と同様です。

一方，零点と極は複素数であり，大きさと偏角をもちます。零点の大きさを R_z，偏角を θ_z，極の大きさを R_p，偏角を θ_p で表しています。

前節の a_1，a_2，b_1，b_2 が実数の場合，零点と極は2つの実数もしくは複素共役となり，本ソフトウェアでは複素共役の関係にあることを想定しています。

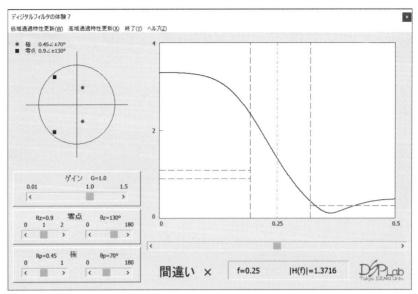

図 1.34 極と零点の移動

　ウィンドウ左上側の図は複素平面を表しており，零点を■，極を●で表示しています。

　半径 1 の円は単位円と呼ばれます。ウィンドウ右側の振幅特性の横軸である周波数は単位円上に対応付けられ，周波数が $[0, 0.5]$ の間を変動すると単位円上の $[0, \pi]$ を移動します。

　図 1.34 のように，R_z と θ_z のスクロールバーを動かすと■が移動し，R_p と θ_p のスクロールバーを動かすと●が移動します。■と●の位置によって，振幅特性の形状が変わります。

　図 1.35 のように零点■を単位円上に配置すると，対応する周波数の振幅特性の値は 0 になります。一方，図 1.36 のように極●を単位円に近づけると，対応する周波数付近の振幅特性が急激に上昇して，ピークを形成します。また，G を動かすと，振幅特性は上下に伸縮します。

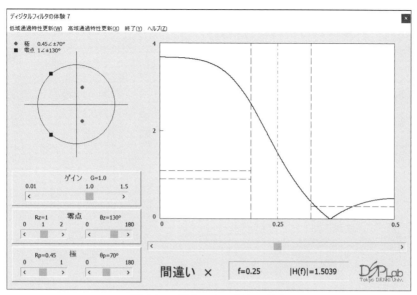

図 1.35　単位円上の零点の効果

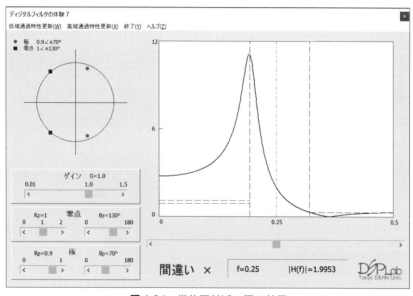

図 1.36　単位円付近の極の効果

　本ソフトウェアでは，起動時にウィンドウ右側に波線で範囲を示しています。この範囲は振幅特性の左半分が大きさが 1，右半分が大きさが 0 に近づくような低域通過特性を作るための許容範囲を表しています。なお，周波数が 0.25 付近は特に許容範囲を示していません。このような周波数帯域を遷移域といいます。

　振幅特性が全て許容範囲内に収まれば，図 1.37 のように「**間違い ×**」の表示が「**正解 ○**」

に変わります。

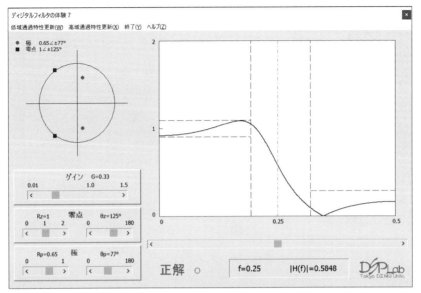

図 1.37　正解の場合の表示

　振幅特性下のスクロールバーを動かすと，振幅特性上のマーカーが移動し，その周波数の振幅特性値 $|H(f)|$ がウィンドウ下部に表示されます。

　1.6 節の 5 つのパラメータはディジタルフィルタを時間領域で表しているのに対し，本節の 5 つのパラメータは周波数領域で表しています。同じフィルタを別の座標軸で見ているに過ぎません。零点，極については 2.7.4 項で説明します。

　メニューバーの「低域通過特性更新」メニューをクリックすると，波線で示された許容領域が更新されます。また，「高域通過特性更新」をクリックすると，図 1.38 のように，高周波側が通過するようなフィルタ特性に更新されます。

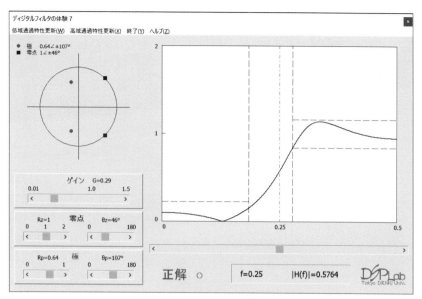

図 1.38 高域通過特性更新の場合

　なお，全ての問題が5つのパラメータで実現可能な許容領域を与えるわけではありません。パラメータ調整の体験を通じて，与えられたフィルタ特性の実現の可否を直感的に判断できる感覚を身につけてください。

1.8 ディジタルフィルタの体験（その8）：ノッチフィルタ

　収録ソフトウェアの第1章フォルダ内の「ディジタルフィルタの体験8.exe」を起動してください。図1.39のウィンドウが現れます。

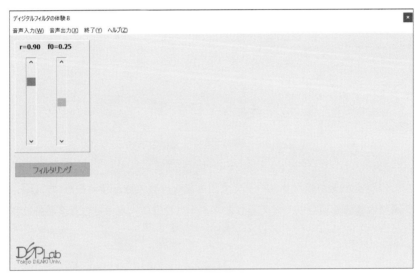

図 1.39　ディジタルフィルタの体験 8.exe の起動ウィンドウ

　このソフトウェアでは，単一周波数の正弦波をノイズとして含む信号に対してフィルタリングを行い，正弦波成分のみを除去します。

　メニューバーの「音声入力」→「WAV ファイル入力」をクリックして，データフォルダ内の「サンプル音声.wav」を選択すると，図1.40のように音声データにランダムな周波数の正弦波を付加した信号をウィンドウ右側上部に表示します。このフィルタはウィンドウ左側上部に示している2つのパラメータ r と f_0 でコントロールします。動作の確認は，スクロールバーで r と f_0 の値を決めて，フィルタリング ボタンを押すと，フィルタ処理後の波形がウィンドウ右下側に表示されます。

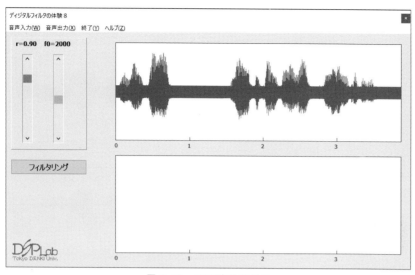

図 1.40　正弦波付加信号

f_0 の値が正弦波の周波数と一致すれば，図 1.41 のように正弦波は完全に除去できます。一方，f_0 と正弦波の周波数が一致しない場合でも，r を小さい値に設定すれば，図 1.42 のように正弦波成分を低減できる場合があります。

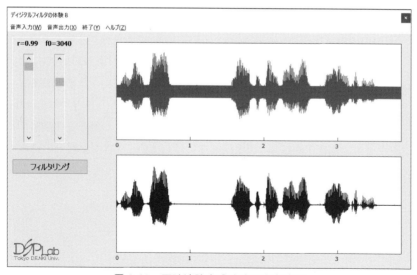

図 1.41　正弦波除去成功時の出力波形

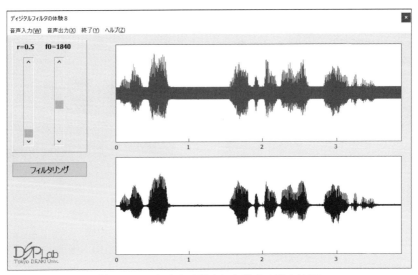

図 1.42 r を小さく設定した場合の出力波形

　ただし，正弦波成分と同時に保存したい元の信号まで除去するため，注意が必要です。このように特定の周波数の正弦波成分のみを除去するフィルタをノッチフィルタといい，3.5 節で説明します。

　正弦波の周波数はランダムに設定されるため，最初は f_0 の見当が全くつかないと思います。まずは，r を小さく設定し，f_0 を大まかに動かしながら，出力信号の正弦波成分が小さくなる f_0 を調べ，その周波数周辺を細かく動かせば，正確な f_0 を発見できます。その後，r を最大値の 0.99 に設定すれば，元信号波形がほぼ保存された出力信号が得られます。

　付加される正弦波の周波数は WAV ファイルを読み込むたびに異なります。また，出力信号は WAV ファイルとして保存できますので，正確な f_0 が発見できた場合，不正確な f_0 で小さい r を使った場合などの出力信号を保存し，聴感的にもフィルタの動作を体験してください。

　このソフトウェアでも音声の録音・再生機能を実装していますので，自分の音声でもノッチフィルタの効果を体験してください。

1.9　音声信号にノイズを付加しよう

　収録ソフトウェアの第1章フォルダ内の「ノイズ付加.exe」を起動してください。図1.43に示すようなウィンドウが現れます。

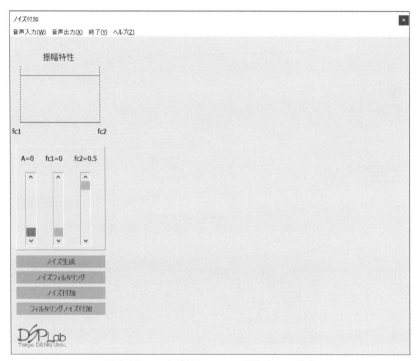

図1.43　ノイズ付加.exe の起動ウィンドウ

　このソフトウェアは音声信号にノイズを付加します。WAVファイルから音声信号を読み込む場合，「音声入力」→「WAVファイル入力」を選択し，音声データとして「サンプル音声.wav」を読み込むと，図1.44のようにウィンドウ右側1段目に表示されます。

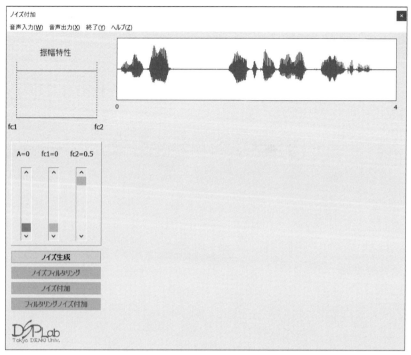

図 1.44 サンプル音声.wav 読み込み時の表示

　ノイズを付加するために，ウィンドウ左側のスクロールバーのうち，A の値を設定します。
A は WAV ファイルの最大値に対する付加ノイズの大きさを表しており，1 に近いほど大きい
ノイズが付加されます。A が大きすぎると，データがオーバーフローし，歪みの原因となりま
すので，大きくても 0.6 程度に抑えてください。

　A を設定後，ノイズ生成ボタンを押すと，図 1.45 のように一様乱数に従うノイズが生成され，
ウィンドウ右側 2 段目に表示されます。ボタンを押すたびに乱数の種が変わりますので，異な
るノイズが生成されます。

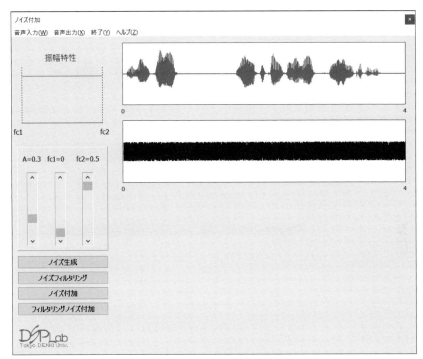

図 1.45 生成ノイズ波形

　全周波数帯域に成分を有するノイズを付加する場合はこれで十分ですが，特定の周波数帯域にのみ成分を有するノイズを付加する場合は，生成したノイズをフィルタ処理します。

　そのために，ウィンドウ左側の f_{c1} と f_{c2} のスクロールバーを動かします。f_{c1} と f_{c2} はウィンドウ左側上部に示すようにノイズを通過する周波数帯域を調整します。f_{c1} と f_{c2} を両方動かした場合は帯域通過フィルタ，f_{c2} のみ動かした場合は低域通過フィルタ，f_{c1} のみ動かした場合は高域通過フィルタとなります。

　フィルタの特性を設定した後，ノイズフィルタリングボタンを押すと，図 1.46 に示すようにウィンドウ右側 3 段目にフィルタリングされたノイズが表示されます。フィルタの特性を変更し，再度ボタンを押すと，あらためてフィルタ処理されます。

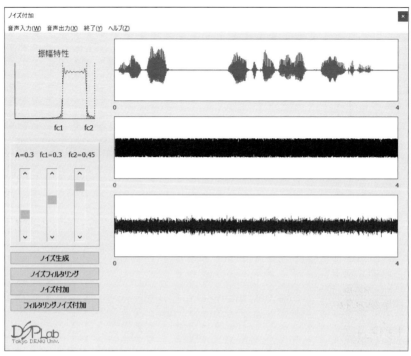

図 1.46 フィルタリングノイズ波形

　ノイズが準備できたところで，ノイズ付加ボタンを押すと図 1.47 のように音声データに 2 段目のノイズが付加され，フィルタリングノイズ付加ボタンを押すと図 1.48 のように音声データに 3 段目のフィルタリングノイズが付加されます。

　メニューバーの「音声出力」→「WAV ファイル出力」で各音声データを WAV ファイルに出力できますので，ノイズ付加音声を聴感的に体験してください。特に，低周波ノイズ，高周波ノイズ，帯域制限ノイズの違いを，フィルタ処理のカットオフ周波数をいろいろと設定して体験するとよいでしょう。

　ディジタルフィルタの最大の利用目的はノイズ除去ですので，このソフトウェアで生成するノイズ付加音声信号はディジタルフィルタの動作を確認するうえで必須となります。

　このソフトウェアも音声の録音・再生機能を実装していますので，自分の声で体験することができます。これで，ディジタルフィルタの効果を確認するための信号を自由に生成できます。

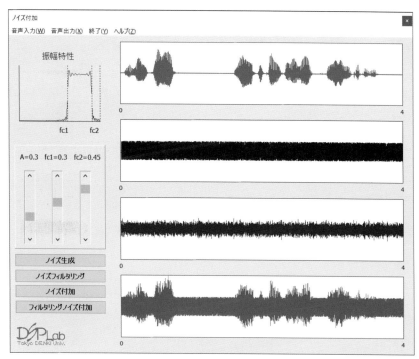

図 1.47 ノイズ付加信号の生成

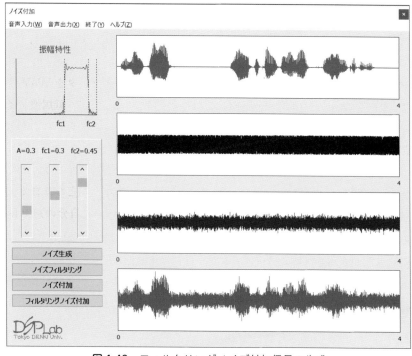

図 1.48 フィルタリングノイズ付加信号の生成

1.10　音声信号に正弦波を付加しよう

　収録ソフトウェアの第1章フォルダ内の「正弦波付加.exe」を起動してください。図1.49に示すようなウィンドウが現れます。

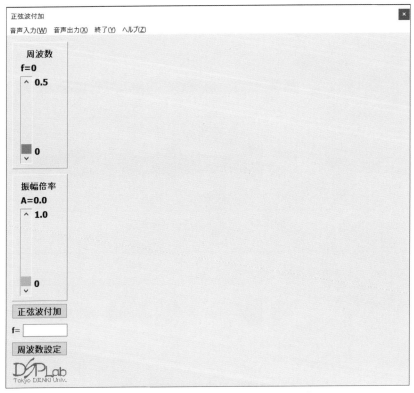

図 1.49　正弦波付加.exe の起動ウィンドウ

　このソフトウェアは音声信号に正弦波信号を付加します。まず，メニューバーの「音声入力」→「WAV ファイル入力」から WAV ファイルを選択し，音声データとして「サンプル音声.wav」を読み込むと，図1.50のようにウィンドウ右側1段目に表示されます。また，2段目は付加する正弦波が表示されるスペースですが，最初は正弦波に関する情報を与えていないため，全時刻で0が表示されます。3段目は1段目と2段目の加算で，正弦波付加音声信号を表示します。

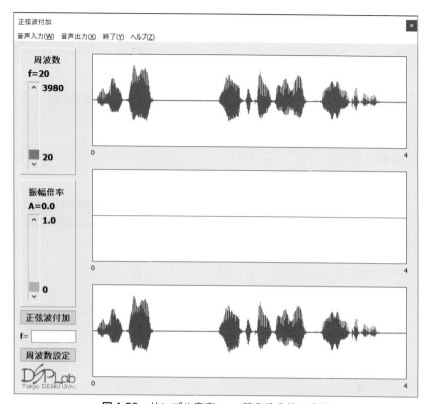

図 1.50　サンプル音声.wav 読み込み時の表示

　付加する正弦波を指定するために，ウィンドウ左側の周波数 f のスクロールバーと振幅倍率 A のスクロールバーを動かします。A は読み込んだ音声データの最大値 $X_{\max}$ に対する倍率です。したがって，生成する正弦波の振幅は $AX_{\max}$ となります。例えば，$f = 1000[\mathrm{Hz}]$，$A = 0.3$ を選択し，正弦波付加 ボタンを押すと，図 1.51 右側 2 段目のように正弦波が生成され，3 段目のように正弦波付加音声信号が表示されます。

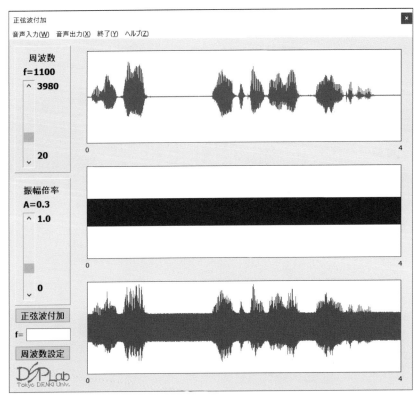

図 1.51　$f = 1000[\text{Hz}]$，$A = 0.3$ の正弦波付加信号

　また，$f = 20[\text{Hz}]$，$A = 0.3$ を選択した場合は，図 1.52 の右側 3 段目のように表示され
ます。

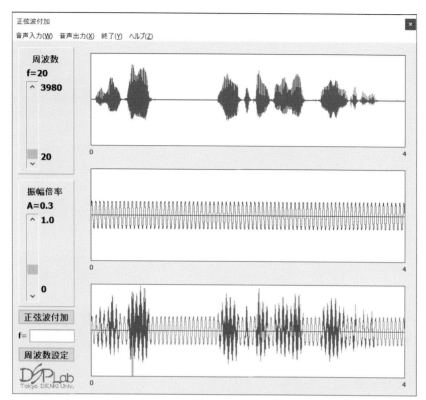

図 1.52 $f = 20[\text{Hz}]$，$A = 0.3$ の正弦波付加信号

　周波数のスクロールバーでは，付加正弦波の周波数として音声信号のサンプリング周波数の半分を 200 分割した幅で設定できます。例えば，「サンプル音声.wav」はサンプリング周波数が 8,000[Hz] ですので，8,000 / 200=20[Hz] の幅で，20[Hz]〜3980[Hz] を 20[Hz] 刻みで設定可能です。

　ウィンドウ左側下部のテキストボックスに周波数を直接入力することもできます。入力して 周波数設定 ボタンを押した後，正弦波付加 ボタンを押すと，図 1.53 のように指定した周波数の正弦波を生成し，正弦波付加音声信号を出力できます。

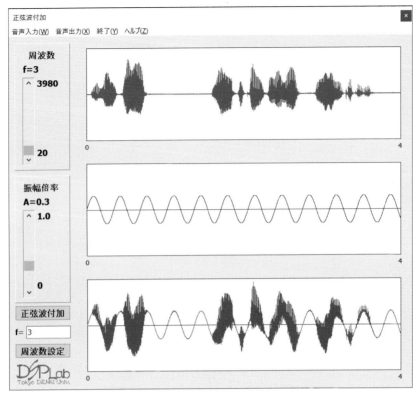

図 1.53 任意の周波数の正弦波付加信号

「音声出力」→「WAV ファイル出力」メニューで各音声信号を WAV ファイル出力できますので，正弦波の周波数の違いを聴感的に体験してください。

このソフトウェアで生成した正弦波付加音声信号は，第 3 章で説明するノッチフィルタの入力信号として利用します。また，複数の周波数の正弦波を付加したい場合は，このソフトウェアの出力信号を，あらためて入力信号として読み込み，別の周波数の正弦波を付加すれば生成できます。

このソフトウェアにも，音声の録音・再生機能を実装していますので，自分の声でノッチフィルタ用入力信号の生成ができます。

Chapter 2

ディジタルフィルタの
基本動作を知ろう

ディジタルフィルタは基本的なディジタル信号処理回路です。そのた
め，その修得にはディジタル信号処理の知識が必要となります。本章で
は，収録ソフトウェアを用いたディジタル信号処理技術の体験を通じ
て，ディジタルフィルタの動作について解説します。

2.1 ディジタル信号

2.1.1 信号とフーリエ解析

　信号は，音声，光，温度，圧力のように時間的・空間的に変動する物理的な波動を表します。一般に，マイクロホンやカメラなどのセンサによって採取され，電気振動に変換された波として与えられます。一度は聞いたことがあると思いますが，**フーリエ解析**を思い出してください。フーリエ級数の結論は「あらゆる信号は周波数の異なる**正弦波**の重ね合わせで表すことができる」でした。直流成分も周波数が 0（つまり，1 回も振動しない正弦振動）と考えれば，正弦波の仲間と考えられます。

　信号が周期波形の場合は，**フーリエ級数**を使います。信号 $x(t)$ の周期を T とすると，信号には基本周波数 $1/T$ の整数倍のみの周波数成分が含まれ，

$$x(t) = \sum_{n=1}^{\infty} a_n \sin\left(n \cdot \frac{2\pi}{T} \cdot t - \theta_n\right) \tag{2.1}$$

$$= \sum_{n=1}^{\infty} a_n \sin\left(n\omega_0 t - \theta_n\right) \tag{2.2}$$

と定義できます。ここで，直流成分は信号レベルを上下するだけのため，0 とおいています。1 つの正弦波を表すのに必要なパラメータは周波数以外に，振幅と初期位相です。(2.1) 式，(2.2) 式では，$\omega_0 = 2\pi/T$ が基本角周波数，a_n が n 番目の周波数成分の振幅，θ_n が n 番目の周波数成分の初期位相を表します。

　収録ソフトウェアの第 2 章フォルダ内の「波形合成.exe」を起動してください。図 2.1 のウィンドウが現れます。このソフトウェアは，ウィンドウ左側上に表示される周期が T の周期信号 $x(t)$ を，ウィンドウ右側の 6 つの正弦波の和で表します。$a_n, \theta_n, n = 1, 2, \cdots, 6$ はウィンドウ左側下のスクロールバーで調整します。また，合成した波形のレベルは，ウィンドウ左側のスケール調整用スクロールバーで伸縮できます。図 2.2 の例のように a_n と θ_n を調整して，合成される波形の違いを体験してください。

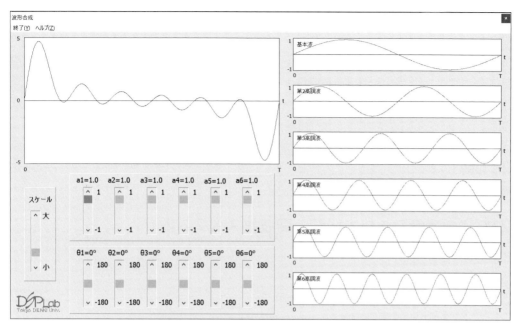

図 2.1 波形合成.exe の起動ウィンドウ

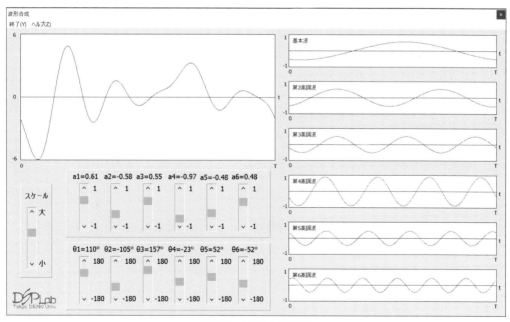

図 2.2 波形合成の例

　フーリエ級数は，ディジタルフィルタの解析・設計で役立つ，とても重要なことを教えてくれます。いまさらですが，100[Hz] の正弦波を何倍しても，初期位相をどれだけずらしても，

それが 100[Hz] の正弦波であることに変わりはありません。そのため，例えば，フィルタで処理したい信号に 100[Hz] の成分と 200[Hz] の成分が含まれている場合，100[Hz] の正弦波に対して何らかの操作を加えても，200[Hz] の正弦波はなんら影響を受けず，お互い無関係な間柄となります。このような性質を**直交性**と呼びます。ちょうど，xy 平面における x 方向ベクトルと y 方向ベクトルが $90°$ で交わっているようなイメージです。フーリエ級数はあらゆる波形が互いに直交な関係にある正弦波の寄せ集めで表現できることを示しています。したがって，どんなに複雑な波形であっても，その処理は個々の周波数の正弦波の振幅と初期位相に対する操作にのみ注目すればよいことになります。個々の周波数の正弦波に対する操作は周波数特性と呼ばれ，2.6 節で説明します。

2.1.2 複素フーリエ級数と周波数スペクトル

フーリエ級数では信号を sin 波の和で表しましたが，sin 波と cos 波は，例えば

$$\sin\left(\omega t + \frac{\pi}{2}\right) = \cos\omega t \tag{2.3}$$

の関係があるように，初期位相さえ動かせば，フーリエ級数を cos 波の和で表すこともできます。

さらに，オイラーの公式を思い出してください。オイラーの公式は実数 ωt に対して，

$$e^{j\omega t} = \cos\omega t + j\sin\omega t \tag{2.4}$$

$$e^{-j\omega t} = \cos\omega t - j\sin\omega t \tag{2.5}$$

と定義されます。$e^{j\omega t}$ と $e^{-j\omega t}$ は虚数部の符号が異なるため，複素共役の関係にあります。オイラーの公式を使うと，$\cos\omega t$ や $\sin\omega t$ を

$$\cos\omega t = \frac{1}{2}\left(e^{j\omega t} + e^{-j\omega t}\right) \tag{2.6}$$

$$\sin\omega t = \frac{1}{j2}\left(e^{j\omega t} - e^{-j\omega t}\right) \tag{2.7}$$

と求められます。したがって，フーリエ級数は $\cos\omega t$ や $\sin\omega t$ の和ではなく，$e^{j\omega t}$ の和で表すこともできます。$e^{j\omega t}$ は**複素正弦波**と呼ばれます。(2.6) 式，(2.7) 式の関係は，実数信号である角周波数 ω の正弦波が複素正弦波 $e^{j\omega t}$ とその共役複素数 $e^{-j\omega t}$ の和であることを意味しています。

$A\sin(\omega t + \phi)$ を複素正弦波を用いて表すと，

$$A\sin(\omega t + \phi) = \frac{A}{j2}\left\{e^{j(\omega t + \phi)} - e^{-j(\omega t + \phi)}\right\} \tag{2.8}$$

$$= \frac{1}{j2}\left\{Ae^{j\phi}e^{j\omega t} - Ae^{-j\phi}e^{-j\omega t}\right\} \tag{2.9}$$

となります．$Ae^{j\phi}$ と $Ae^{-j\phi}$ は大きさが同じで，角度が正負逆である複素数となります．$1/j2$ は定数なので無視すると，正の周波数成分 $Ae^{j\phi}$ と負の周波数成分 $Ae^{-j\phi}$ は互いに複素共役の関係にあることがわかります．

全ての実数信号は正弦波の和として表されるため，「**全ての実数信号は複素共役の関係にある正の周波数成分と負の周波数成分をもつ**」ことを意味します．ただし，物理的に負の周波数成分が存在するわけではなく，実数信号を複素正弦波を用いて表現するために，便宜的に導入した解析的（数学的）な成分であることに注意してください．

この関係に注目して，フーリエ級数を複素正弦波を用いて表したものが**複素フーリエ級数**であり，次式で定義されます．

$$x(t) = \sum_{n=-\infty}^{\infty} c_n e^{jn\omega_0 t} \tag{2.10}$$

ここで，c_n は複素フーリエ係数と呼ばれ，c_n と c_{-n} は互いに複素共役の関係にあります．(2.9) 式の表現を使うと，

$$c_n = A_n e^{j\phi_n} \tag{2.11}$$
$$c_{-n} = A_n e^{-j\phi_n} \tag{2.12}$$

となります．c_n は次式で求めます．

$$c_n = \frac{1}{T} \int_0^T x(t) e^{-jn\omega_0 t} dt \tag{2.13}$$

この式は，$x(t)$ に含まれる $e^{jn\omega_0 t}$ の成分を求めています．試しに，$x(t) = e^{jn\omega_0 t}$ の場合を考えると，

$$c_n = \frac{1}{T} \int_0^T e^{jn\omega_0 t} e^{-jn\omega_0 t} dt = \frac{1}{T} \int_0^T 1 \cdot dt = \frac{1}{T} \cdot T = 1 \tag{2.14}$$

となり，(2.13) 式の意味が確認できます．

周期 T の周期信号の場合，周波数成分は直流と基本周波数 $1/T$ の整数倍にのみ存在します．すなわち，周波数軸上では間隔 $1/T$ もしくは $\omega_0 = 2\pi/T$ のとびとびの周波数点にのみ値が存在し，n 番目の周波数 n/T では，大きさが $|c_n|$ となります．これを図示すると，図 2.3 のようになります．これを**周波数スペクトル**もしくは**振幅スペクトル**といいます．周期信号の周波数スペクトルはこのような線構造をもつため，**線スペクトル**と呼ばれます．

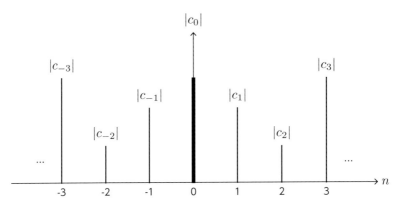

図 2.3 周波数スペクトル

　ここで，以下の重要な結論が導かれます。この結論は，ディジタルフィルタが対象とする離散時間信号におけるサンプリングや周波数スペクトルを考える際に重要な手がかりを与えます。

周期信号の周波数スペクトル

　時間領域で**周期的な連続**信号に含まれる周波数成分は，周波数領域で**一定間隔の離散的**な周波数にのみ現れます。

2.1.3　サンプリングとディジタル信号

　2.1.2 項までの信号は横軸を連続量，つまりどんなに細かく眺めてもつながっている量として考えました。このような信号をアナログ信号と呼びます。一方，ディジタルフィルタが対象とするディジタル信号は少なくとも横軸が離散量，つまりとびとびの時間を考えます。装置には，センサの後段にサンプルホールド回路を設置し，ある瞬間の信号値をしばらくの時間保持して時間を離散化します。保持している間に A/D（Analog-to-Digital）変換を行い，縦軸の連続量も離散値に量子化してディジタルフィルタに入力します。このように離散時間で信号を取り出す操作を**サンプリング**といいます。本書では，説明を簡単にするために量子化については考えないことにします。つまり，サンプリングされた信号は離散時間のみに存在し，その値は連続量であるとします。

　サンプリングは一定の時間間隔 T_s ごとに行います。T_s を**サンプリング周期**といいます。アナログ信号を $x(t)$，サンプリング後のディジタル信号を x_n と記述すると，

$$x_n = x(nT_s) \tag{2.15}$$

となります．T_s の逆数 f_s

$$f_s = \frac{1}{T_s} \tag{2.16}$$

を**サンプリング周波数**といいます．f_s は1秒間あたり採取する信号サンプルの個数を表します．音楽 CD では，$f_s = 44,100[\text{Hz}]$ が採用されています．

f_s が大きければ信号を細かく採取できますが，信号サンプル数(データ数)は増加し，その記録には多量のメモリを必要とします．一方，f_s が小さければ信号をおおざっぱに採取することになり，メモリの節約ができますが，おおざっぱすぎてサンプリング前の信号の情報を失う可能性があります．

ここで，2.1.2 項のフーリエ級数のスペクトルについて思い出してください．フーリエ級数では，フーリエ係数を求めるために信号に $e^{-jn\omega_0 t}$ を乗じています．ここで，ω_0 は角周波数，t は時間を表していますが，ω_0 と t は常に乗算で用いるため，ω_0 が時間，t が角周波数とみなしても同じ議論が成立します．つまり，「時間領域で○○の場合，周波数領域では△△になります」という論理は「周波数領域で○○の場合，時間領域では△△になります」という論理と等価となります．さて，フーリエ級数では「時間領域で周期信号の場合，周波数領域では離散的な周波数にのみ成分が存在します」という論理が成立しました．一方，現在考えているサンプリングでは，時間領域で離散的な時刻にのみ値が存在する操作を行いました．したがって，この場合は，図 2.4 に示すように，**「時間領域で離散的な時刻にのみ値が存在する場合，周波数領域では周期信号（関数）となります」**という論理が成立します．

フーリエ級数では，時間領域の周期 T に対して，線スペクトルの間隔が $1/T$ でした．離散時間信号では，時間領域の間隔が T_s ですので，周波数領域の周期（帯域）は $1/T_s = f_s$ となります．ただし，「全ての実数信号は複素共役の関係にある正の周波数成分と負の周波数成分をもつ」という事実を思い出してください．信号が成分をもっている正の最大周波数を $f_{\max}$ とすると，周波数領域では $2f_{\max}$ の帯域の成分が存在していることになります．したがって，サンプリングによって元のアナログ信号の情報を失わない条件として，次の**サンプリング定理**が自然に導かれます．

サンプリング定理

アナログ信号に含まれる周波数成分の最高周波数が $f_{\max}$ のとき，サンプリング周波数を $f_s > 2f_{\max}$ に設定すれば，元信号を完全に復元できます．

音声信号の場合，最高周波数は $4,000[\text{Hz}]$ 未満と考えられるため，$f_s = 8,000[\text{Hz}]$ でカバーできます．また，定常音に対する人間の可聴周波数は最高で $20,000[\text{Hz}]$ 程度であるため，$f_s > 40,000[\text{Hz}]$ と設定すれば十分です．

もし，$f_s < 2f_{\max}$ と設定した場合はどうなるでしょうか？ それを確認するために，収録ソ

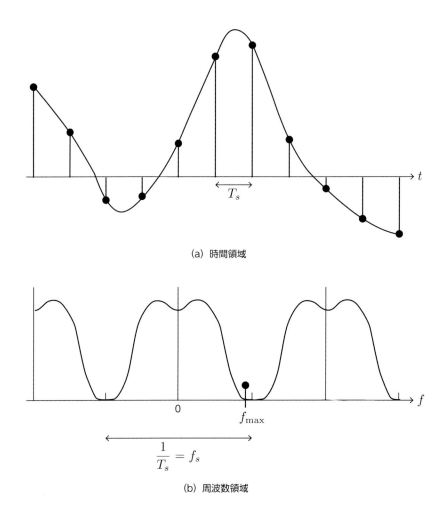

(a) 時間領域

(b) 周波数領域

図 2.4　離散時間信号の周波数スペクトル

フトウェアの第 2 章フォルダ内の「サンプリング定理.exe」を起動してください。図 2.5 に示すウィンドウが現れます。このソフトウェアは，周期 1[s] の正弦波のサンプリングの様子を示しています。ウィンドウ右側上部がサンプリングした離散時間信号，右側下部がその周波数スペクトルを表しています。起動直後は，$f_s = 5[\mathrm{Hz}]$，$T_s = 0.2[\mathrm{s}]$ の状況を表していますので，正弦波が 1 回振動する間に 5 個のサンプルが得られていることがわかります。周波数スペクトルを見ると，最大周波数が $f_s = 5[\mathrm{Hz}]$ であるため，$f_{\max} = 2.5[\mathrm{Hz}]$ となり，$f = 1[\mathrm{Hz}]$ のところに正の周波数成分が存在（単一周波数であるため $f = 1[\mathrm{Hz}]$ にのみ存在）していることがわかります。また，4[Hz] のところに現れている周波数成分は負の周波数成分で，いま

周波数軸上での周期が 5[Hz] ですから，$5 - 1 = 4$ に現れています[*1]。

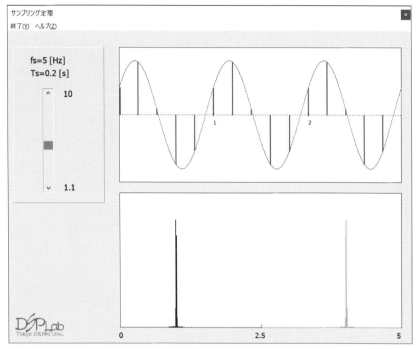

図 2.5 サンプリング定理.exe の起動ウィンドウ

ウィンドウ左側のスクロールバーを動かすとサンプリング周波数を変更できます。図 2.6 のように，スクロールバーを上部いっぱいまで引き上げ，$f_s = 10[Hz]$ と設定すると，正弦波が 1 回振動する間に先ほどの 2 倍の 10 個のサンプルが得られるため，元のアナログ信号をより詳細に表していることがわかります。また，周波数スペクトルもサンプリング周波数が上がった分，1[Hz] と $10 - 1 = 9[Hz]$ の位置に移動していることが確認できます。

逆に，スクロールバーを下げて，f_s を小さくしていくと正の周波数成分と負の周波数成分が近づいていく様子が確認できます。図 2.7 のように，$f_s = 2.1[Hz]$ と設定すると，$f_s/2 = 1.05[Hz]$ をはさんで両者が接近しますが，正の周波数成分と負の周波数成分を区別できます。ウィンドウ右側上部のサンプル値を見ると，最初の 1 周期が 3 サンプル，次の 1 周期が 2 サンプルと，平均的に $f_s > 2f_{max}$ を満たしているため，サンプリング定理を満たしていることがわかります。

[*1] 周波数スペクトルは図 2.4 のように周期関数となりますので，$f : [f_s/2, f_s]$ と $f : [-f_s/2, 0]$ の成分は同じとなります。

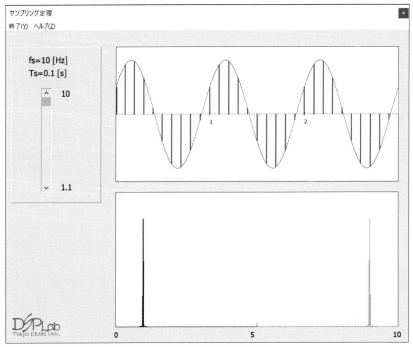

図 2.6 $f_s = 10[\text{Hz}]$ のときの実行結果

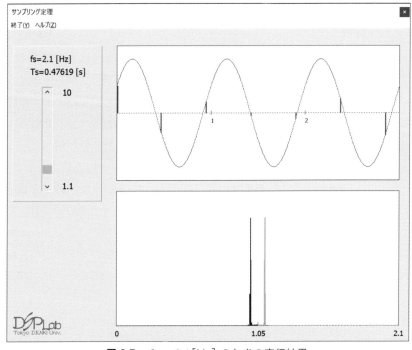

図 2.7 $f_s = 2.1[\text{Hz}]$ のときの実行結果

次に，$f_s = 2[\mathrm{Hz}]$ に設定してください。そうすると，図 2.8 のように周波数スペクトルが $f = 1[\mathrm{Hz}]$ で重なります。そのため，正の周波数成分と負の周波数成分の区別がつきませんが，両方が一致しただけですので，これは良しとしましょう。ただし，このソフトウェアでは，正弦波に初期位相をもたせていますが，もし初期位相が 0 の場合は，サンプル点が全て 0 となるため，周波数スペクトル自体が消失し，つじつまが合いません。したがって，$f_s = 2 f_{\max}$ では不十分であることがわかります。

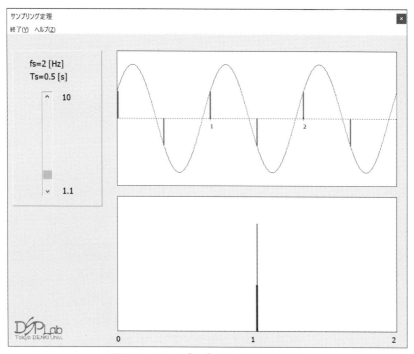

図 2.8　$f_s = 2[\mathrm{Hz}]$ のときの実行結果

　さらにスクロールバーを下げて，$f_s = 1.9[\mathrm{Hz}]$ に設定してください。そうすると，図 2.9 のように，正の周波数成分が $f > f_s/2$ に移動し，負の周波数成分が $f < f_s/2$ に移動します。これは，$f_s/2 = 0.95[\mathrm{Hz}]$ であるため，正弦波の周波数成分である $f = 1[\mathrm{Hz}]$ は $f_s/2$ より大きくなり，負の周波数成分は $1.9 - 1 = 0.9[\mathrm{Hz}]$ であるため，当然の結果と思われます。しかし，本来，正の周波数成分は周波数スペクトルの左半分に現れるはずですので，これは矛盾となります。試しに周波数が 0.9[Hz] の正弦波を描くと，ウィンドウ右側上部のようになり，ここで示しているサンプル点は 1[Hz] の正弦波のサンプル点であると同時に 0.9[Hz] の正弦波のサンプル点にも該当し，区別がつきません。つまり，ここで与えられているサンプルからは元のアナログ信号を一意に復元できないという結論が導かれ，サンプリング定理の妥当性が示されました。これは単一周波数の正弦波に対する結論ではありますが，もともと任意の信号は

正弦波の重ね合わせで表せますので，結果的に信号に含まれる最大周波数成分に対して，この条件が当てはまる必要があり，サンプリング定理の主張が正しいことがわかります。

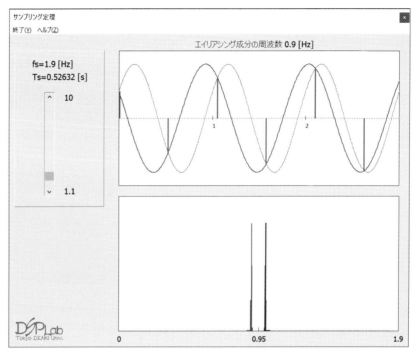

図 2.9 $f_s = 1.9[\text{Hz}]$ のときの実行結果

　このように，本来負の周波数成分がサンプリング定理を満たさないために正の周波数側の低い周波数成分として入ってくることを**エイリアシング**といいます。負の周波数成分は正の周波数成分とは複素共役の関係にあり，位相が正負逆となります。したがって，エイリアシング成分は大きさは同じであるものの，振動速度が遅く（周波数が低く），逆方向に動く成分であるといえます。例えば，扇風機のような高速な羽の回転を，50[Hz] もしくは 60[Hz] で点灯する蛍光灯の下で見ると，ゆっくりと逆回転する成分が見えてくる現象を思い出してください。

　一般にセンサで採取する信号の帯域は無限大の広がりをもちます。しかし，ディジタルフィルタが処理対象とする信号のエネルギーの大部分は有限の帯域に集中します。そのため，センサの後段にアナログの低域通過フィルタを接続して帯域制限した後，サンプリングを行います。このようなアナログフィルタをアンチエイリアシングフィルタといいます。

2.1.4　正規化周波数

　ディジタルフィルタを設計・実装しようとする際，処理対象となる信号の最高周波数成分を考慮して最低限必要なサンプリング周波数を決定します。ただし，最高周波数が不明である場

合は，多少の余裕をもって大きめのサンプリング周波数を設定するほうが無難です。その場合でも，サンプリング後の離散時間信号の最高周波数が $f_s/2$ であることに変わりなく，周波数帯域が広がるのみです。ディジタルフィルタの設計者にとっては，設計対象の仕様ごとに取り扱う周波数帯域が異なるのはやっかいです。そのため，ディジタルフィルタの解析・設計では，周波数を f_s で正規化（割り算）して考えます。このような周波数を**正規化周波数**といいます。正規化周波数では，$f_s = 1$，$T_s = 1$ となりますので，離散時間信号の周波数帯域は $-0.5 \sim 0.5$ となり，解析・設計では図 2.10 に示すように $0 \sim 0.5$ のみ考えればよいことになります。角周波数で考える場合，$f = 0.5$ は

$$\omega = 2\pi f = 2\pi \times 0.5 = \pi \tag{2.17}$$

となりますので，その範囲は $-\pi \sim \pi$ となり，解析・設計では $0 \sim \pi$ のみ考えます。

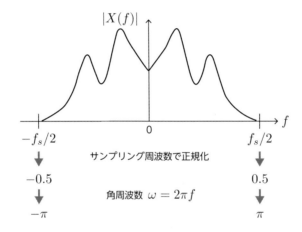

図 2.10 正規化周波数と正規化角周波数

2.2 離散信号に対するフーリエ解析

2.1.2 項では，連続時間信号のフーリエ解析について説明しました．本節では，離散時間信号 $x_n, n = \cdots, -1, 0, 1, \cdots$ のフーリエ解析について説明します．

2.2.1 離散時間フーリエ変換と離散フーリエ変換

連続時間信号 $x(t)$ が**非周期信号**である場合，そのフーリエ解析に使用する変換は**フーリエ変換**と呼ばれ，

$$X(\omega) = \int_{-\infty}^{\infty} x(t)e^{-j\omega t}dt \tag{2.18}$$

と定義されます．これは，(2.10) 式の複素フーリエ級数，(2.13) 式の複素フーリエ係数の式で，$T \to \infty$，$1/T \to d\omega/2\pi$ とおいた場合に相当します．つまり，非周期信号とは周期が ∞ の周期信号であるとみなしています．周波数スペクトルは周期信号の場合は ω_0 間隔で現れていましたが，$T \to \infty$ のため $d\omega$ 間隔，すなわち連続的に現れることになります．

離散時間信号 x_n が非周期信号の場合，(2.18) 式を離散化して，

$$X(\omega) = \sum_{n=-\infty}^{\infty} x_n e^{-j\omega n} \tag{2.19}$$

と求められます．これを，**離散時間フーリエ変換**と呼びます．離散時間フーリエ変換は，ディジタルフィルタの重要な特性である周波数特性を求める際に使用します．$X(\omega)$ は周波数領域で連続スペクトルとなります．しかし，時間領域では $T_s = 1/f_s$ 間隔のとびとびの信号になりますので，時間領域と周波数領域の対応関係を思い出すと，**$X(\omega)$ は周波数領域で周期的な連続スペクトル**になります．周期は $1/T_s = f_s$ です．正規化周波数の場合，1 周期は $f_s = 1$ であり，正規化角周波数の場合，1 周期は $2\pi f_s = 2\pi$ です．したがって，

$$X(-\omega) = X(2\pi - \omega) \tag{2.20}$$

が成立します．また，正負周波数成分の複素共役性より，

$$X(\omega) = X^*(2\pi - \omega) \tag{2.21}$$

が成立します．ここで，$*$ は複素共役を表します．$\omega = 0$ は直流成分を表しますので，$X(0)$ は実数値をとり，次式の関係が成り立ちます．

$$X(0) = X^*(2\pi) = X(2\pi) \tag{2.22}$$

これは $X(\omega)$ の周期性を表しています．

次に，$x_n, n = 0, 1, \cdots, N-1$ が周期 N の周期信号の場合を考えます．つまり，

$$x_{n+N} = x_n \tag{2.23}$$

が成立する信号を考えます。その場合は，(2.13) 式のフーリエ係数を次式のように離散化します。

$$X_k = \sum_{n=0}^{N-1} x_n e^{-j\frac{2\pi}{N}kn}, \ \ k = 0, 1, \cdots, N-1 \tag{2.24}$$

これを，**離散フーリエ変換**（Discrete Fourier Transform：DFT）と呼び，ディジタル信号処理技術のなかでも重要なツールとなります。(2.13) 式の $1/T$ に相当するのは $1/N$ となりますが，これは定数なので，無視することにします（逆変換の必要がある場合には逆変換で考慮します）。また，基本周波数は $1/N$ ですので，基本角周波数は $\omega_0 = 2\pi/N$ となり，その整数倍の ω にのみ線スペクトルが現れます。N 個のデータを使用した変換で得られる独立な結果は N 個であるため，k がとる範囲も N 個となります。また，x_n は時間領域で $T_s = 1/f_s$ 間隔のとびとびの信号になり，時間領域と周波数領域の対応関係より，**X_k は周波数領域で周期的な線スペクトル**になります。X_k に対しても次式が成立します。

$$X_{-k} = X_{N-k} \tag{2.25}$$

$$X_k = X_{N-k}^* \tag{2.26}$$

これより，DFT を計算する場合は，$k = 0, 1, \cdots, N/2$ まで求めれば残りは複素共役の関係を用いて計算可能であることがわかります。

本書では説明を省きますが，DFT の計算は N^2 オーダーの乗算を要するため，N を大きくとると演算負荷が大きくなります。それに対して，高速化のためのアルゴリズムである高速フーリエ変換（Fast Fourier Transform：FFT）を使うと，DFT の計算を $N \log_2 N$ オーダーまで落とすことができます。したがって，DFT の実装には通常 FFT を利用します。その際，N は 2 のべき乗（$2^8 = 256$，$2^9 = 512$，$2^{10} = 1024$，$2^{11} = 2048$ など）に選びます。

収録ソフトウェアの第 2 章フォルダの「DFT の計算.exe」を起動してください。図 2.11 のウィンドウが現れます。このソフトウェアは，$N = 8$ の DFT を計算し，表示します。まず，ウィンドウ左下のスクロールバーを動かして，$x_n, \ n = 0, 1, \cdots, 7$ を設定します。$x_n, \ n = 0, 1, \cdots, 7$ を $\boldsymbol{x} = \{x_0, x_1, x_2, x_3, x_4, x_5, x_6, x_7\}$ と表記します。スクロールバーを動かすたびに，ウィンドウ右下の周波数スペクトル $|X_k|$ が動きますので，信号とスペクトルの関わりを直ちに確認できます。

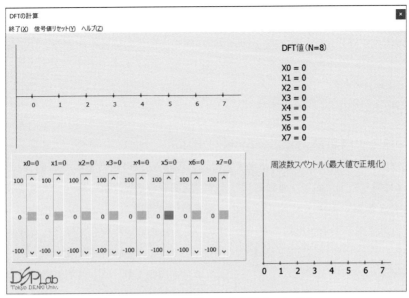

図 2.11 DFT の計算.exe の起動ウィンドウ

　まず，図 2.12 のように $x = \{100, 0, 0, 0, 0, 0, 0, 0\}$ と設定します。x はインパルス信号ですので，周波数スペクトルは全ての k で同じになります。一方，図 2.13 のように $x = \{100, 100, 100, 100, 100, 100, 100, 100\}$ と設定すると，x は直流ですので，周波数スペクトルは X_0 のみが値をもちます。

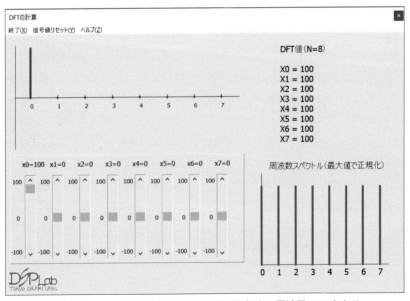

図 2.12 $x = \{100, 0, 0, 0, 0, 0, 0, 0\}$ 設定時の周波数スペクトル

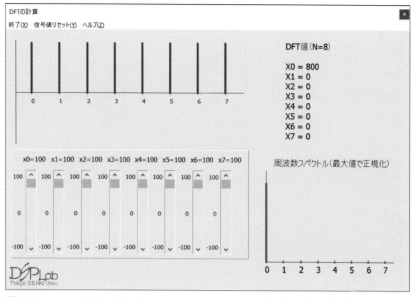

図 2.13 $x = \{100, 100, 100, 100, 100, 100, 100, 100\}$ 設定時の周波数スペクトル

次に，図 2.14 のように $x = \{0, 100, -100, 0, 0, -100, 100, 0\}$ と設定してみます．x は $x_n = -x_{N/2+n}$ の条件 (この場合は $x_n = -x_{4+n}$) を満たす対称波です．したがって，フーリエ級数の性質より，周波数スペクトルは奇数成分のみが現れます．

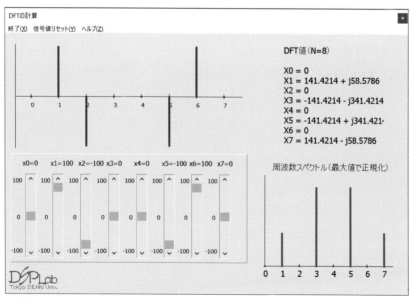

図 2.14 $x = \{0, 100, -100, 0, 0, -100, 100, 0\}$ 設定時の周波数スペクトル

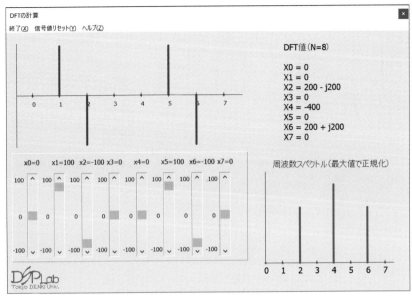

図 2.15 $x = \{0, 100, -100, 0, 0, 100, -100, 0\}$ 設定時の周波数スペクトル

図 2.15 のように $x = \{0, 100, -100, 0, 0, 100, -100, 0\}$ と設定してみます。この信号は，$N = 8$ を基本周期と考えることもできますが，$N/2 = 4$ を基本周期とする信号が 2 回繰り返して登場していると考えられます。$N = 8$ の DFT では，基本周期が 8 であるため，周期が 4 の周期波形は基本周波数が 2 倍となります。したがって，$k = 2$ に成分をもち，次はその整数倍の 4 に周波数スペクトルが現れます。

さらに，図 2.16 のように $x = \{100, -100, 100, -100, 100, -100, 100, -100\}$ と設定すると，$N/4 = 2$ を基本周期とする信号が 4 回繰り返して登場していると考えることができるため，X_4 のみが現れます。これが，サンプリング定理の限界です。

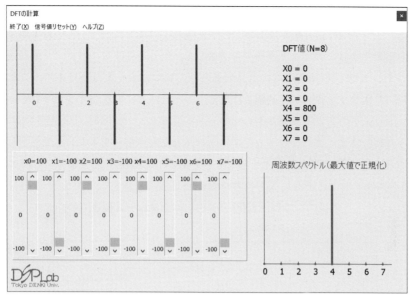

図 2.16 $x = \{100, -100, 100, -100, 100, -100, 100, -100\}$ 設定時の周波数スペクトル

このように，DFT を調べると信号をいろいろな側面から眺めることができます。図 2.17 のように，$x = \{-31, 33, -28, 42, 72, -33, 42, 2\}$ と設定すると，全ての周波数成分が存在する周波数スペクトルとなります。つまり，信号の法則性がなくなると，周波数スペクトルも広範囲に広がるようになります。

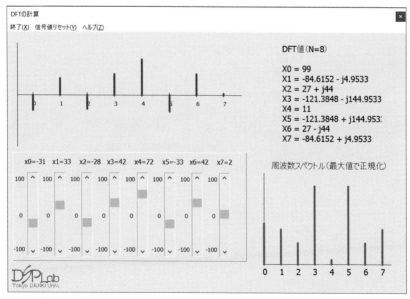

図 2.17 $x = \{-31, 33, -28, 42, 72, -33, 42, 2\}$ 設定時の周波数スペクトル

DFT の計算こそ，コンピュータの出番といえるぐらいの定番計算ですが，直感的に理解するためには，1つ1つの信号値が周波数スペクトルにどのように寄与しているのか感覚的につかむことも重要です。このソフトウェアを活用して，信号と周波数スペクトルの関連性を体験してください。また，$N = 8$ 程度の計算であれば，関数電卓をたたいて求めることができます。その際に，本ソフトウェアで問題を作成し，答え合わせに利用してください。

収録ソフトウェアの第 2 章フォルダの「フーリエ解析.exe」を起動してください。図 2.18 のウィンドウが現れます。このソフトウェアは読み込んだ音声信号を DFT して表示します。入力音声のデータ長は DFT の N より十分に大きいため，図 2.19 に示すように，時刻 0 から長さ N の窓をスライドするように入力信号を細分化して，細分化した長さ N の信号に対して DFT を行います。この操作を**フレーム化**といい，N を**フレーム長**ともいいます。

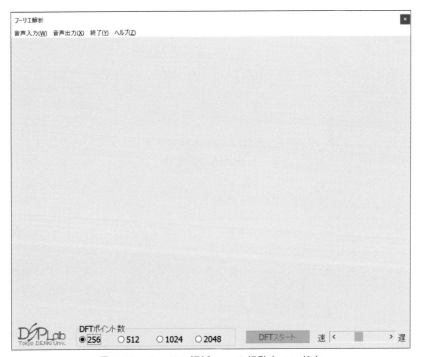

図 2.18 フーリエ解析.exe の起動ウィンドウ

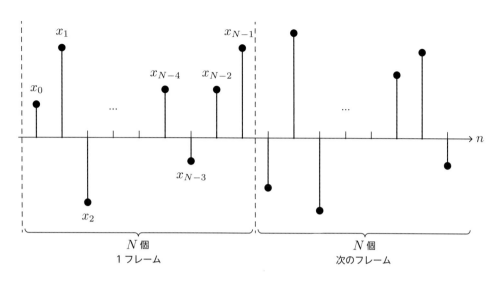

図 2.19 フレーム化

　このソフトウェアを使用するために，まず「音声入力」→「WAV ファイル入力」メニューから WAV ファイルを指定して信号を読み込み，図 2.20 のようにウィンドウ上部に波形を表示します。ここでは，データフォルダ内の「サンプル音声.wav」を読み込みます。その際にサンプリング周波数やデータ長などもヘッダから読み込み，周波数軸の範囲やフレームの個数の算出を行っています。次に，DFT ポイント数，すなわち N をウィンドウ下部のラジオボタンで選択し，DFT スタート ボタンを押します。

　図 2.21 に $N = 256$ の実行例を示します。ウィンドウ真ん中のバーは現在 DFT を行っているフレーム位置を表し，その幅でフレーム長をイメージしています。フレーム間の移動速度はウィンドウ右下のスクロールバーで調整できます。ちょうど良いスピードで観察してください。

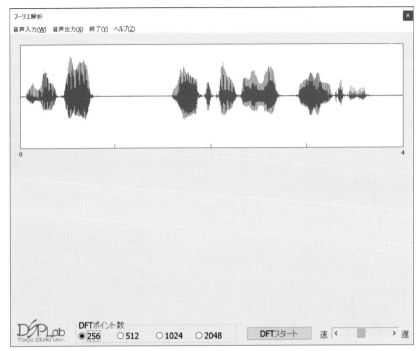

図 2.20 サンプル音声.wav 読み込み時のウィンドウ

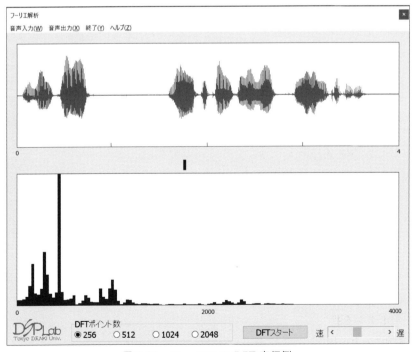

図 2.21 $N = 256$ の DFT 実行例

図 2.22 に $N = 512$，図 2.23 に $N = 1024$，図 2.24 に $N = 2048$ の実行例を示します。こ
れらの例からわかるように，周波数軸の刻み幅が $1/N$ に比例するため，N が大きくなるほど
周波数領域の解像度が向上し，鋭い周波数スペクトルが得られます。こうなると，N は大き
いほど有利と考えてしまいますが，時間領域で考えると N が大きいほど解像度の低いぽやけ
たフレームになります。したがって，瞬時的に発生してすぐ消えるような鋭い信号の変化の検
出には不向きとなります。このように，時間解像度と周波数解像度を両方同時に上げることは
できません。ちょうど良い N は，分析する信号の性質や分析目的，あるいは処理系のマイコ
ンやハードウェアのリソースによって異なります。対象信号はどういう変動をする信号である
のか，DFT の結果を見て何を知りたいのか，その演算にどの程度のリソースを費やせるのか，
よく考えて N を選定してください。

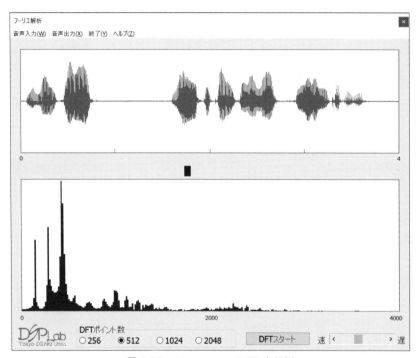

図 2.22　$N = 512$ の DFT 実行例

　このソフトウェアでも音声の録音・再生機能を実装しています。録音時にはオンタイムで
周波数スペクトルが表示されますので，自分の声の周波数スペクトルを確認できます。いっ
たん取り込んだ音声はソフトウェア内のバッファに記録されていますので，N を変更して，
DFT スタート ボタンを押すと異なる解像度で分析できます。また，「音声出力」→「再生」メ
ニューを選択すると，周波数スペクトルを音声を聴きながら確認できます。「あ・い・う・え・
お」と母音を録音し，その周波数スペクトルの違いを観察してみてください。

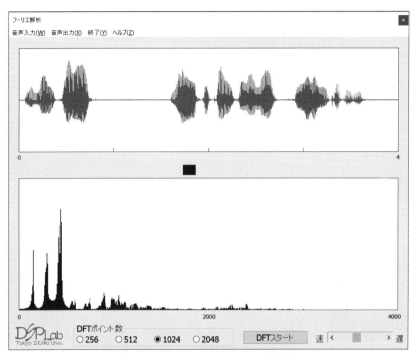

図 2.23 $N = 1024$ の DFT 実行例

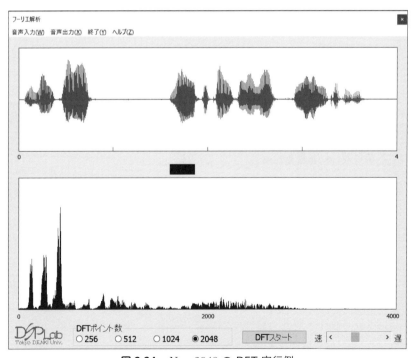

図 2.24 $N = 2048$ の DFT 実行例

2.2.2　スペクトログラム

　フーリエ解析.exe では，フレームごとの周波数スペクトルを表示しているため，信号のどの時間にどのように成分が分布しているか，直ちに判断するのが難しいと思います。そのため，全フレームの周波数スペクトル分布を一目で見られることが望ましい場合があります。

　収録ソフトウェアの第 2 章フォルダの「スペクトログラム.exe」を起動してください。図 2.25 のウィンドウが現れます。このソフトウェアは，全時刻の周波数スペクトルの分布を色の濃さで表示します。まず，「音声入力」→「WAV ファイル入力」メニューで，WAV ファイルを読み込んでください。ここでは，データフォルダ内の「サンプル音声.wav」を読み込みます。読み込んだ音声データは図 2.26 のようにウィンドウ上部に表示されます。

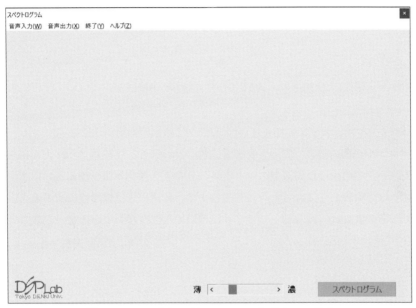

図 2.25　スペクトログラム.exe の起動ウィンドウ

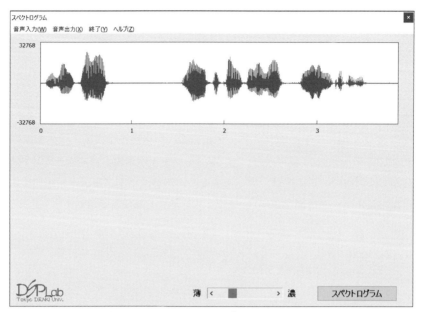

図 2.26 WAV ファイル読み込み時の表示

　次に，スペクトログラムボタンを押すと，図 2.27 のように，ウィンドウ下部にフレームごとの周波数スペクトルが色の濃さで表示されます。色が濃いほど，周波数スペクトル値が大きいと考えてください。このような周波数スペクトルの分布を**スペクトログラム**といいます。音声信号に限定すれば，声紋と呼ばれるものに相当します。音声信号は低周波に値の大きい成分が集中しており，その成分は周波数軸上でとびとびの周波数に存在している様子が観察できます。

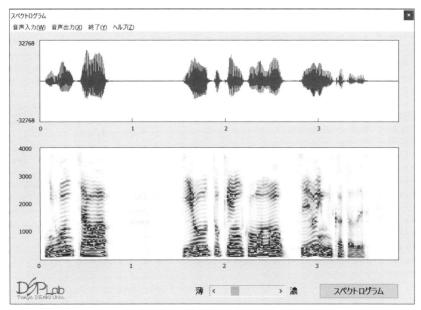

図 2.27 スペクトログラムの表示：サンプル音声.wav

　表示されているスペクトログラムの濃淡は，力技で設定していますので，読み込んだ信号の大きさによっては，スペクトルの分布を確認するのに不適な場合があります。そのために，図2.28 のようにウィンドウ真ん中下部のスクロールバーで濃淡を調整してください。

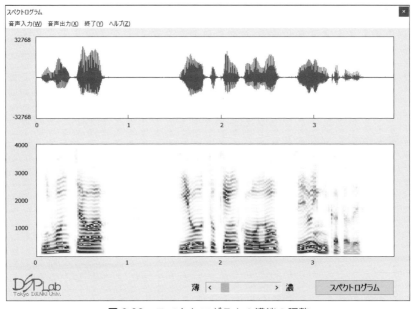

図 2.28 スペクトログラムの濃淡の調整

図 2.29 にデータフォルダの「ノイズ付加音声.wav」のスペクトログラムを示します。この WAV ファイルは，サンプリング周波数が 16[kHz] であり，音声帯域である 0 ～ 4[kHz] はサンプル音声.wav と同じ成分，4[kHz] より大きい帯域には白色ノイズを付加しています。ノイズの周波数スペクトルが周波数によらず一様に分布している様子が観察できます。

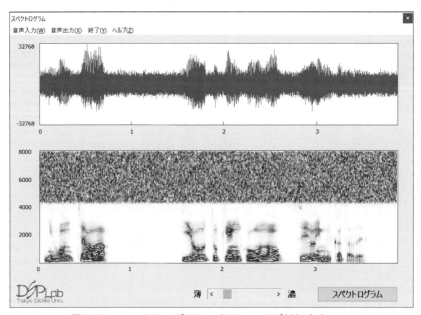

図 2.29　スペクトログラムの表示：ノイズ付加音声.wav

　次に，図 2.30 にデータフォルダの「正弦波付加音声.wav」のスペクトログラムを示します。この WAV ファイルはサンプル音声.wav に周波数が 2,000[Hz] の正弦波を付加しています。図 2.30 の 2,000[Hz] の位置に強い成分が現れていることに注目してください。同様に，図 2.31 に 2 周波数正弦波付加音声.wav のスペクトログラムを示します。この WAV ファイルは，サンプル音声.wav に周波数が 1,000[Hz] と 3,000[Hz] の正弦波を付加しています。したがって，2 つの周波数に強い成分が現れます。

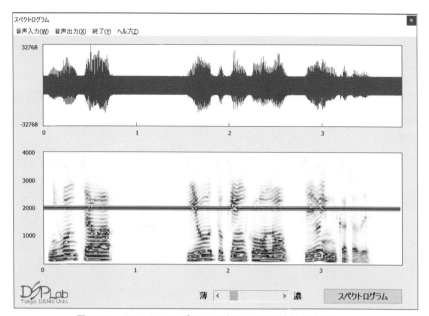

図 2.30 スペクトログラムの表示：正弦波付加音声.wav

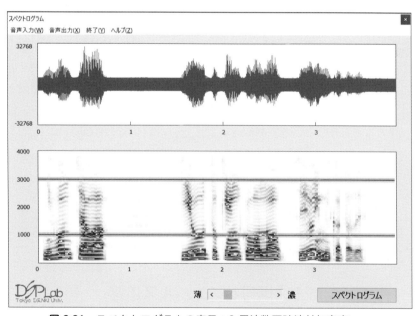

図 2.31 スペクトログラムの表示：2 周波数正弦波付加音声.wav

　このソフトウェアを利用して，自分の音声や，センサで採取した信号のスペクトログラムを観察し，周波数スペクトルの分布の様子を体験してください。

　フーリエ解析.exe と同様に，このソフトウェアでも音声の録音・再生機能を実装していますので，自分の声でスペクトログラムを体験してください。

2.3 離散時間システム

ディジタルフィルタは入力信号に対して何らかの操作を加えて信号を出力します。このように，入力に対して何らかの出力を生成するものをシステムといいます。ディジタルフィルタは離散時間で動作するため，離散時間システムとも呼ばれます。

2.3.1 線形時不変システム

離散時間システムに対して，次式が満たされる場合，**離散時間線形システム**といいます。

$$y_n = L[ax_n] = aL[x_n] \tag{2.27}$$

$$y_n = L[a_1 x_n^1 + a_2 x_n^2] = a_1 L[x_n^1] + a_2 L[x_n^2] \tag{2.28}$$

ここで，$L[\cdot]$ は線形システム，x_n, x_n^1, x_n^2 は入力信号，y_n は出力信号，a, a_1, a_2 は定数を表します。(2.27) 式は定数倍に関する性質を表し，信号を a 倍してからシステムに入力しても，システムの出力を a 倍しても結果は同じことを意味します。(2.28) 式は加法と定数倍に関する性質を表し，多数の信号を同時に入力した場合の出力は，個々の信号を別々に入力したときの出力の和と等しいことを意味します。フーリエ級数を用いると，信号は周波数の異なる正弦波の定数倍の和として表されますので，(2.28) 式の入力の形式と同じとなりますが，実は個々の周波数の正弦波をシステムに個別に入力したときの出力を定数倍して加算した結果と等しいことを意味します。この性質より，ディジタルフィルタの解析・設計では個々の周波数の正弦波に対する操作のみ考えればよいことがわかります。

任意の定数 τ に対して，次式が満たされる場合，**離散時間線形時不変システム**といいます。

$$y_{n-\tau} = L[x_{n-\tau}] \tag{2.29}$$

これは，入力信号が τ だけ遅れたら，出力信号も同様に τ だけ遅れることを意味します。一見，当然の性質のように思いますが，この性質は何年か後にそのシステムを使用しても同じ出力が得られることを保証する重要な性質です。

2.3.2 単位インパルス信号とインパルス応答

単位インパルス信号 δ_n は，離散時間線形時不変システムに入力する代表的な離散時間信号です。δ_n は次式で定義されます。

$$\delta_n = \begin{cases} 1, & n = 0 \\ 0, & n \neq 0 \end{cases} \tag{2.30}$$

時刻 n を k サンプルだけ遅らせた δ_{n-k} は

$$\delta_{n-k} = \begin{cases} 1, & n = k \\ 0, & n \neq k \end{cases} \tag{2.31}$$

となります。この関係を用いると，任意の離散時間信号 x_n は図 2.32 のようになり，次式で表すことができます。

$$x_n = \cdots + x_{-2}\delta_{n+2} + x_{-1}\delta_{n+1} + x_0\delta_n + x_1\delta_{n-1} + x_2\delta_{n-2} + \cdots \tag{2.32}$$

$$= \sum_{k=-\infty}^{\infty} x_k \delta_{n-k} \tag{2.33}$$

この式からわかるように，全ての離散時間信号は δ_n を用いて表すことができます。したがって，δ_n に対するシステムの動作は，システムの特性を全て含んでいます。

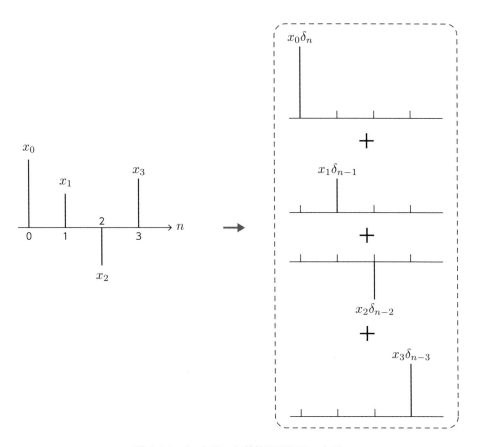

図 2.32 δ_n を用いた離散時間信号の表現

任意のシステム $L[\cdot]$ に δ_n を入力したときの出力を次式のように h_n と書くことにします。

$$h_n = L[\delta_n] \tag{2.34}$$

h_n を**インパルス応答**といいます。インパルス応答をイメージするにあたり，例えば部屋のなかで手を 1 回たたいたときに部屋に響く音や，物体に衝撃を与えたときにしばらく物体が動き続けている様子を思い浮かべてください。δ_n の離散時間フーリエ変換は

$$\sum_{n=-\infty}^{\infty} \delta_n e^{-jn\omega} = \delta_0 e^{-j0} = 1 \tag{2.35}$$

となり，周波数に関係なく 1 となります。このように，δ_n には全ての周波数成分が同等に含まれるため，δ_n に対するシステムの出力である h_n には全ての周波数成分に対するシステム応答の情報が含まれます。

2.4 FIRフィルタとIIRフィルタ

入出力関係が次式で表されるシステムを考えましょう。

$$y_n = a_0 x_n + a_1 x_{n-1} + a_2 x_{n-2} \tag{2.36}$$

このシステムのインパルス応答は次式のように求められます。

$$h_0 = a_0 \delta_0 + a_1 \delta_{-1} + a_2 \delta_{-2} = a_0 \tag{2.37}$$

$$h_1 = a_0 \delta_1 + a_1 \delta_0 + a_2 \delta_{-1} = a_1 \tag{2.38}$$

$$h_2 = a_0 \delta_2 + a_1 \delta_1 + a_2 \delta_0 = a_2 \tag{2.39}$$

$$h_n = 0, \ n > 3 \tag{2.40}$$

このように，インパルス応答が有限長のシステムを**有限長インパルス応答**（Finite Impulse Response：FIR）システムと呼びます。そして，FIR システムとして動作するディジタルフィルタを **FIR フィルタ**と呼びます。FIR フィルタの入出力関係の一般形は次式で与えられます。

$$y_n = \sum_{k=0}^{N} h_k x_{n-k} \tag{2.41}$$

ここで，h_k はインパルス応答もしくは**フィルタ係数**と呼ばれ，FIR フィルタの特性を決めるパラメータです。また，N は**フィルタ次数**と呼ばれます。

次に，入出力関係が次式で表されるシステムを考えます。

$$y_n = -b_1 y_{n-1} + x_n \tag{2.42}$$

ただし，時刻 0 以前の出力はなく，$y_n = 0, \ n < 0$ とします。このシステムのインパルス応答は次式のように求められます。

$$h_0 = \delta_0 = 1 \tag{2.43}$$

$$h_1 = -b_1 h_0 = -b_1 \tag{2.44}$$

$$h_2 = -b_1 h_1 = b_1^2 \tag{2.45}$$

$$h_3 = -b_1 h_2 = -b_1^3 \tag{2.46}$$

$$\vdots$$

$$h_n = (-b_1)^n \tag{2.47}$$

このように，インパルス応答が無限長のシステムを**無限長インパルス応答**（Infinite Impulse Response：IIR）システムと呼びます。そして，IIR システムとして動作するディジタルフィ

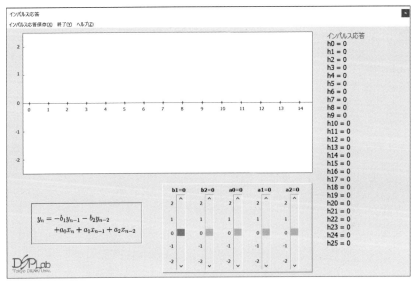

図 2.33 インパルス応答.exe の起動ウィンドウ

ルタを **IIR フィルタ**と呼びます。IIR フィルタの入出力関係の一般形は次式で与えられます。

$$y_n = -\sum_{k=1}^{M} b_k y_{n-k} + \sum_{k=0}^{N} a_k x_{n-k} \tag{2.48}$$

ここで，a_k，b_k はフィルタ係数，M はフィードバック部分の次数，N はフィードフォワード部分（FIR フィルタに相当）の次数を表します。このシステムのインパルス応答を求めるには，$x_n = \delta_n$ を入力したときの出力を求めます。

収録ソフトウェアの第 2 章フォルダの「インパルス応答.exe」を起動してください。図 2.33 のウィンドウが現れます。このソフトウェアは入出力関係が

$$y_n = -b_1 y_{n-1} - b_2 y_{n-2} + a_0 x_n + a_1 x_{n-1} + a_2 x_{n-2}, \; y_n = 0, \; n < 0 \tag{2.49}$$

で表されるシステムのインパルス応答を表示します。ウィンドウ右下のスクロールバーを動かして係数の値を調整するとインパルス応答が変動します。

$b_1 = 0$，$b_2 = 0$ のときは FIR システムとなるため，インパルス応答長が有限になります。例えば，図 2.34 のように $b_1 = 0$，$b_2 = 0, a_0 = 1.06$，$a_1 = 0.42$，$a_2 = -0.46$ と設定すると，ウィンドウ上部に表示されるように，インパルス応答が $n = 2$ までの有限長になります。

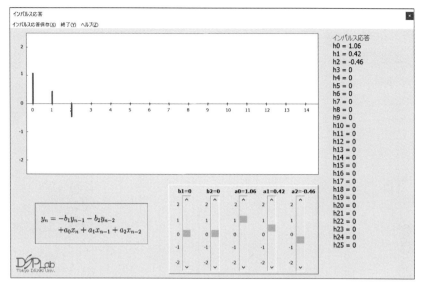

図 2.34 $b_1 = 0$, $b_2 = 0$, $a_0 = 1.06$, $a_1 = 0.42$, $a_2 = -0.46$ のときのインパルス応答

b_1 や b_2 が 0 でない場合は，出力信号がフィードバックされるため，一般に IIR システムとなります。図 2.35 のように $b_1 = 0.42$, $b_2 = 0.77$, $a_0 = 1.06$, $a_1 = 0.42$, $a_2 = -0.46$ と設定すると，インパルス応答が振動しながら減衰する様子が観察できます。

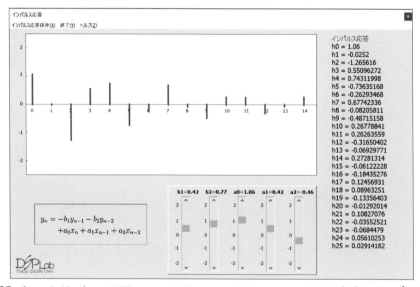

図 2.35 $b_1 = 0.42$, $b_2 = 0.77$, $a_0 = 1.06$, $a_1 = 0.42$, $a_2 = -0.46$ のときのインパルス応答

b_1, b_2 のみを変更し，図 2.36 のように $b_1 = -1.5$, $b_2 = 1.7$, $a_0 = 1.06$, $a_1 = 0.42$, $a_2 = -0.46$，図 2.37 のように $b_1 = -0.65$, $b_2 = -0.6$, $a_0 = 1.06$, $a_1 = 0.42$, $a_2 = -0.46$

と設定した場合，インパルス応答が n とともに大きくなり，発散する様子が確認できます。このように，フィードバックに関する係数値によってはインパルス応答が発散する場合があるため，注意が必要です。a_0，a_1，a_2，b_1，b_2 の値をいろいろと調整して，インパルス応答が変動する様子を体験してください。

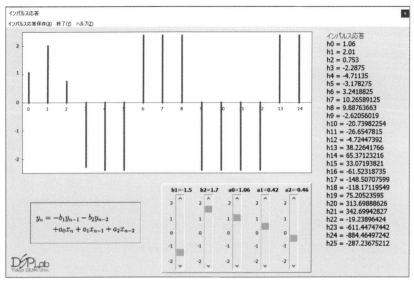

図 2.36 $b_1 = -1.5$，$b_2 = 1.7$，$a_0 = 1.06$，$a_1 = 0.42$，$a_2 = -0.46$ のときのインパルス応答

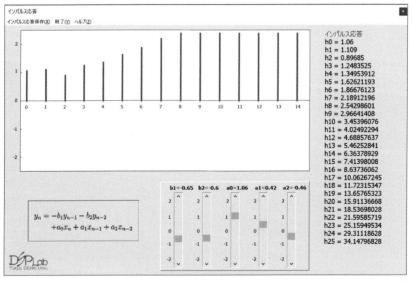

図 2.37 $b_1 = -0.65$，$b_2 = -0.6$，$a_0 = 1.06$，$a_1 = 0.42$，$a_2 = -0.46$ のときのインパルス応答

2.5 たたみ込みと因果性・安定性

2.5.1 たたみ込み

インパルス応答が h_n のディジタルフィルタに信号 x_n を入力した場合の出力信号 y_n を計算してみましょう。(2.33) 式で述べたとおり，任意の信号はインパルス信号の和で表すことができます。この性質を利用して，x_n を線形時不変システム $L[\cdot]$ に入力したときの出力信号 y_n を計算すると次式のようになります。

$$y_n = L\left[\sum_{k=-\infty}^{\infty} x_k \delta_{n-k}\right] \tag{2.50}$$

$$= \sum_{k=-\infty}^{\infty} x_k L[\delta_{n-k}] \tag{2.51}$$

$$= \sum_{k=-\infty}^{\infty} x_k h_{n-k} \tag{2.52}$$

第 1 式から第 2 式への変形では線形性，第 2 式から第 3 式への変形では時不変性を利用しています。(2.52) 式は，図 2.38 のように入力信号に含まれるインパルス信号を分解して別々にディジタルフィルタに入力したときの出力（インパルス応答の x_k 倍）の和が出力信号となることを意味します。この演算を**たたみ込み**（convolution）といいます。(2.52) 式で $m = n - k$ とおくと，

$$y_n = \sum_{m=-\infty}^{\infty} h_m x_{n-m} \tag{2.53}$$

となり，あらためて $m = k$ とおくと

$$y_n = \sum_{k=-\infty}^{\infty} h_k x_{n-k} \tag{2.54}$$

となります。(2.52) 式と (2.54) 式を比較すると，y_n は h_n と x_n の役割を入れ替えても同じであることがわかります。

(2.52) 式は，x_n を主役に考え，時刻 k で x_k が入力されたと考えたときのインパルス応答（h_{n-k}）を考えて計算しているのに対し，(2.54) 式は，h_n を主役に考え，時刻 k の h_k は k サンプル前の入力信号（x_{n-k}）の影響が残っていると考えて計算しています。いずれの解釈でも，ディジタルフィルタの動作としては同じですので，同じ出力信号 y_n が得られます。実装を想定すると，最初に h_n を与えたディジタルフィルタに時々刻々と変動する x_n を入力するため，本書では主に (2.54) 式の表現を用います。

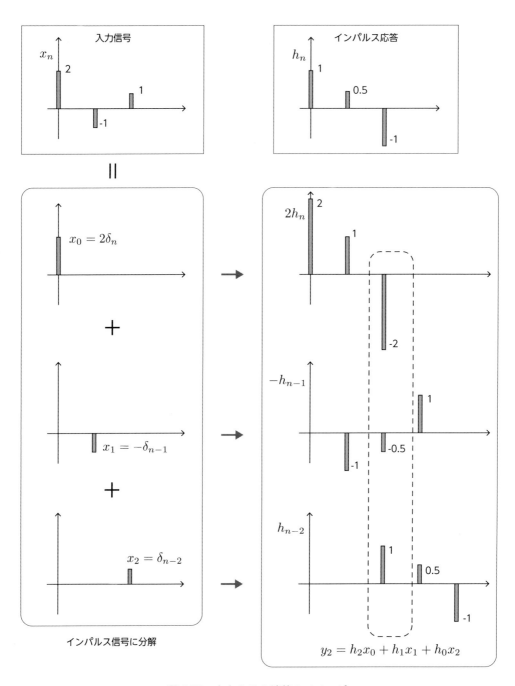

図 2.38 たたみ込み演算のイメージ

収録ソフトウェアの第 2 章フォルダの「たたみ込み.exe」を起動してください。図 2.39 の
ウィンドウが現れます。このソフトウェアは入出力関係が

$$y_n = \sum_{k=0}^{8} h_k x_{n-k} \tag{2.55}$$

で表されるフィルタの出力を計算します。ただし，

$$h_n = 0, \ n < 0, \ n \geq 9 \tag{2.56}$$

の FIR フィルタであるとします。また，入力信号も

$$x_n = 0, \ n < 0, \ n \geq 9 \tag{2.57}$$

であるとします。

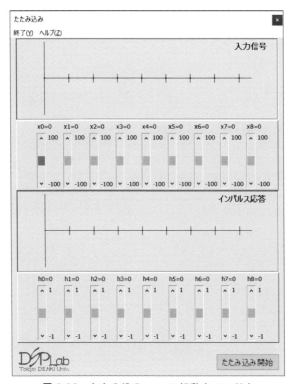

図 2.39 たたみ込み.exe の起動ウィンドウ

図 2.40 のようにウィンドウ上部のスクロールバーで時刻 $n = 0 \sim 8$ の入力信号値 x_n を設
定します。また，ウィンドウ下部のスクロールバーで時刻 $n = 0 \sim 8$ のインパルス応答値 h_n
を設定します。設定終了後，ウィンドウ下部の たたみ込み開始 ボタンを押すと，図 2.41 のよう
な，たたみ込み計算ウィンドウが現れます。

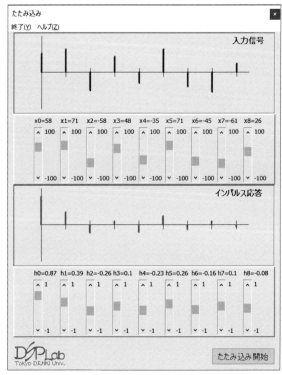

図 2.40 入力信号とインパルス応答の設定

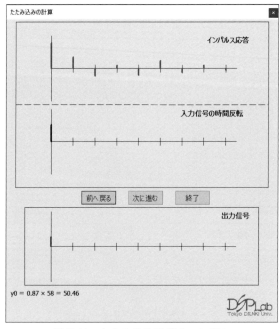

図 2.41 たたみ込み計算ウィンドウ

たたみ込み計算ウィンドウ 1 段目にはインパルス応答 h_k が表示されます。ウィンドウ 2 段目には入力信号の時間反転 x_{n-k} が表示されます。1 段目と 2 段目の横軸は k です。一方，3 段目は出力信号 y_n を表示しており，横軸は n です。たたみ込み計算ウィンドウが表示された時点では，y_0 が表示されています。y_0 は

$$y_0 = h_0 x_0 \tag{2.58}$$

で求められます。$n = 0$ のとき，x_{n-k} は $k = 0$ の場合のみ存在し，2 段目の $k \geq 1$ は $n-k < 0$ であるため，0 であることに注意してください。

　$\boxed{\text{次に進む}}$ ボタンを 1 回押すと，図 2.42 のように n が 1 増えます。$n = 1$ のときは，$1-k \geq 0$ を満たす k で入力信号が存在し，2 段目に左から x_1，x_0 の順で表示されます。y_n は h_k と x_{n-k} の積和となりますので，1 段目と 2 段目の各 k の値の積和となります。さらに，$\boxed{\text{次に進む}}$ ボタンを押し進めると図 2.43 のように $n = 8$ までの y_n を計算できます。また，$\boxed{\text{前へ戻る}}$ ボタンを押すと，図 2.44 のように任意の時刻へ戻ることができます。

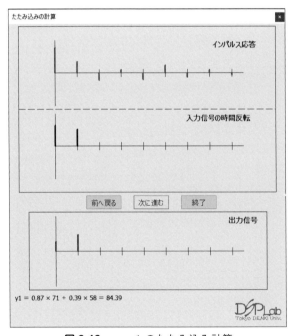

図 2.42　$n = 1$ のたたみ込み計算

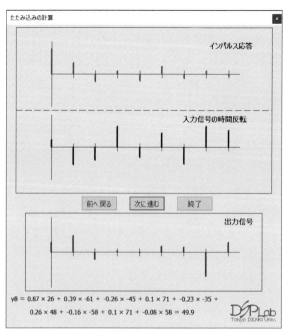

図 2.43 $n = 8$ のたたみ込み計算

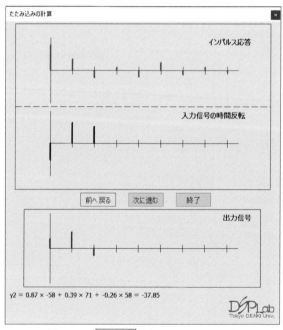

図 2.44 前へ戻る を押したときの動作

任意の入力信号とインパルス応答を設定して，たたみ込み演算の動作を確認するとともに，

インパルス応答と入力信号による出力信号の違いを体験してください。実際の装置では，たたみ込み演算はマイコンやパソコンを用いて自動的に計算しますが，たたみ込み演算を直感的に理解するためには，実際に手を動かして計算することも大切です。その際に，気の利いた問題集はさほどありませんので，このソフトウェアを活用して，自分で問題を作って，手を動かして計算し，答え合わせをしてください。

2.5.2　因果性と安定性

インパルス応答には，システムの重要な特性が含まれます。δ_n は $n = 0$ でのみ値が存在するため，h_n も $n \geq 0$ でのみ値が存在すると考えるのが妥当です。このように入力（原因）があって出力（結果）がある性質を**因果性**（causality）といいます。因果性は次式で定義されます。

$$h_n = 0, \ n < 0 \tag{2.59}$$

時間領域で信号を扱う場合は，因果性を満たすことがシステム実現の前提条件となります。ただし，画像信号のような空間座標の場合は，因果性を満たす必要はありません。

因果性と並んで重要な性質が**安定性**（stability）です。安定性は，言い換えれば出力が正にも負にも発散しない性質です。ただし，入力信号は有限であるとします。これを有界入力といいます。安定性を考えるために，(2.54) 式を用いて符号に無関係に出力信号の大きさのみを考えるために，$|y_n|$ を計算すると，次のようになります。

$$|y_n| = \left| \sum_{k=-\infty}^{\infty} h_k x_{n-k} \right| \tag{2.60}$$

$$\leq \sum_{k=-\infty}^{\infty} |h_k| \cdot |x_{n-k}| \tag{2.61}$$

$$\leq C_{\max} \sum_{k=-\infty}^{\infty} |h_k| \tag{2.62}$$

ここで，$C_{\max}$ は $|x_{n-k}|$ の最大値で，有界入力のため $0 \leq C_{\max} < \infty$ となります。安定なシステムでは

$$|y_n| < \infty \tag{2.63}$$

が条件となるため，(2.62) 式より安定性の条件は

$$\sum_{k=-\infty}^{\infty} |h_k| < \infty \tag{2.64}$$

となります。この条件は，図 2.45 のように h_n が $n \to \infty$ で 0 に近づくことを要請しています。

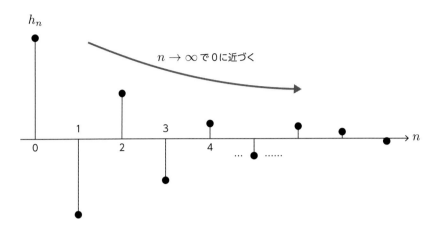

図 2.45 安定なシステムのインパルス応答

2.6 周波数特性

　ディジタルフィルタに求められる特性の多くは，周波数領域で規定されます。線形システムにある周波数の正弦波を入力すると，同じ周波数の正弦波が出力されます。その際に変動するのは振幅と（初期）位相だけです。振幅と位相を個別に扱うためには，振幅と位相を分離可能な表現である複素正弦波が便利です。そこで，因果性を満たすインパルス応答が h_n のディジタルフィルタに入力信号として

$$x_n = e^{j\omega n} \tag{2.65}$$

を入力したときの出力信号 y_n を計算すると，次のようになります。

$$y_n = \sum_{k=0}^{\infty} h_k e^{j\omega(n-k)} \tag{2.66}$$

$$= \left(\sum_{k=0}^{\infty} h_k e^{-jk\omega} \right) e^{j\omega n} \tag{2.67}$$

$$= H(\omega) e^{j\omega n} \tag{2.68}$$

ここで，

$$H(\omega) = \sum_{k=0}^{\infty} h_k e^{-jk\omega} \tag{2.69}$$

であり，$H(\omega)$ を**周波数特性**（frequency characteristic）といいます。$H(\omega)$ は h_n の離散時間フーリエ変換です。$H(\omega)$ は複素数であり，その大きさ $|H(\omega)|$ を**振幅特性**（magnitude characteristic），角度 $\angle H(\omega)$ を**位相特性**（phase characteristic）といいます。負の角周波数 $-\omega$ に対しては

$$H(-\omega) = \sum_{k=0}^{\infty} h_k e^{jk\omega} \tag{2.70}$$

となるため，$H(\omega)$ と $H(-\omega)$ は互いに複素共役の関係にあります。

　$|e^{j\omega n}| = 1$，$\angle e^{j\omega} = 0$ であるため，

$$|y_n| = |H(\omega)| \times |e^{j\omega n}| = |H(\omega)| \tag{2.71}$$

$$\angle y_n = \angle H(\omega) + \angle e^{j\omega n} = \angle H(\omega) \tag{2.72}$$

となります。このように，$H(\omega)$ を用いれば周波数領域におけるディジタルフィルタの動作の全てを記述できます。

　$|H(\omega)|$ は次式で計算します。

$$|H(\omega)| = \sqrt{(\mathrm{Re}[H(\omega)])^2 + (\mathrm{Im}[H(\omega)])^2} \tag{2.73}$$

$H(\omega)$ と $H(-\omega)$ は複素共役の関係にあるため，

$$|H(-\omega)| = |H(\omega)| \tag{2.74}$$

となり，偶関数となります。

$\angle H(\omega)$ を求める場合，逆正接関数（アークタンジェント）を用いて

$$\angle H(\omega) = \tan^{-1} \frac{\mathrm{Im}[H(\omega)]}{\mathrm{Re}[H(\omega)]} \tag{2.75}$$

と計算します。ここで，

$$\mathrm{Re}[H(\omega)] = \sum_{k=0}^{\infty} h_k \cos k\omega \tag{2.76}$$

$$\mathrm{Im}[H(\omega)] = -\sum_{k=0}^{\infty} h_k \sin k\omega \tag{2.77}$$

とおきました。$H(\omega)$ と $H(-\omega)$ は複素共役の関係にあるため，

$$\angle H(-\omega) = -\angle H(\omega) \tag{2.78}$$

となり，奇関数となります。

ソフトウェアで逆正接関数を計算すると，$\angle H(\omega)$ は $[-\pi, \pi]$ の範囲に限定され，2π の不定性が生じます。位相特性を計算するのは，入力正弦波と出力正弦波が位相角としてどのくらいずれているか知りたいわけではなく，時間的にどのくらいずれているか知りたいためです。そこで，別の指標として次式で定義される**群遅延特性**（group delay characteristic）$\tau(\omega)$ を用います。

$$\tau(\omega) = -\frac{d\angle H(\omega)}{d\omega} \tag{2.79}$$

$\tau(\omega)$ は位相特性の傾きです。因果性を満たすディジタルフィルタにおける角周波数 ω の正弦波の入出力関係を考えると，信号を入力する前にその信号が出力されることはないため，位相特性は遅れ位相となり，$\angle H(\omega) = -\omega\tau$ のように表されます。そのため，$\angle H(\omega)$ の傾きを計算し，符号を逆にすれば遅延時間を計算できます。ただし，$\tau(\omega)$ はあくまでも局所的な $d\omega$ に対する傾きに過ぎません。さらに，ディジタルフィルタへの入力信号は単独の正弦波ではなく，複数の周波数の正弦波の集合体として入力されます。そのため，ディジタルフィルタ通過後に全体的には遅れ波形となっていても，波の形状を維持するために周波数によっては進み位相となることがあり，常に $\tau(\omega) \geq 0$ が成立するわけではないことに注意する必要があります。

(2.79) 式の計算は解析的に行います。逆正接関数 $\tan^{-1} x$ の微分が

$$\frac{d\tan^{-1} x}{dx} = \frac{1}{1+x^2} \tag{2.80}$$

であることと (2.75) 式を用いると，$\tau(\omega)$ を次式のように求めることができます。

$$\tau(\omega) = -\frac{\mathrm{DIm}[H(\omega)] \cdot \mathrm{Re}[H(\omega)] - \mathrm{DRe}[H(\omega)] \cdot \mathrm{Im}[H(\omega)]}{|H(\omega)|^2} \tag{2.81}$$

ここで，

$$\mathrm{DIm}[H(\omega)] = -\sum_{k=1}^{\infty} kh_k \cos k\omega \tag{2.82}$$

$$\mathrm{DRe}[H(\omega)] = -\sum_{k=1}^{\infty} kh_k \sin k\omega \tag{2.83}$$

とおきました。

収録ソフトウェアの第 2 章フォルダの「周波数特性.exe」を起動してください。図 2.46 のウィンドウが現れます。このソフトウェアはインパルス応答が $h_0 \sim h_6$ の振幅特性 $|H(\omega)|$，位相特性 $\angle H(\omega)$，群遅延特性 $\tau(\omega)$ を求めて表示します。なお，横軸は正規化周波数で表示しますが，現在使用しているサンプリング周波数で表示したい場合は，ウィンドウ左下のサンプリング周波数欄で設定し，$\boxed{\text{更新}}$ ボタンを押すと，横軸の表示が変更されます。起動直後は全てのインパルス応答が 0 のため，全ての特性は 0 を示しています。

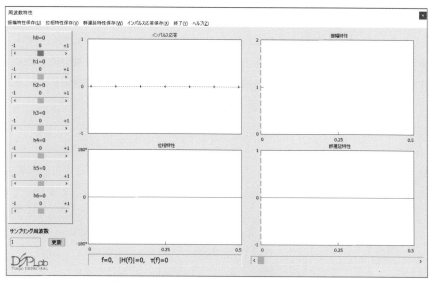

図 2.46 周波数特性.exe の起動ウィンドウ

図 2.47 のように，ウィンドウ左側のスクロールバーのうち真ん中の h_3 のみを動かし，$h_3 = 1$ と設定してみます。このディジタルフィルタはどの周波数成分も 3 サンプルだけ遅ら

せ，大きさは変えないことを意味するため，$|H(\omega)| = 1$，$\tau(\omega) = 3$ となることが確認できます。群遅延が一定であるため，位相特性は $\angle H(\omega) = -3\omega$ となりますが，位相は $[-\pi, \pi]$，つまり $[-180°, 180°]$ の範囲で折りたたまれるため，$-180°$ を下回ると $180°$ に飛んで表示されます。

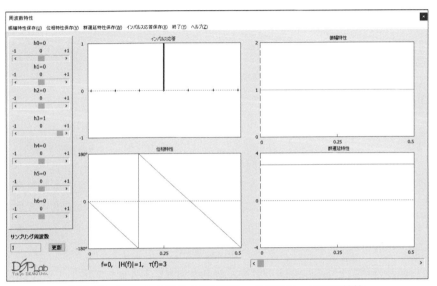

図 2.47 $h_3 = 1$ の場合の振幅特性，位相特性，群遅延特性

図 2.48 のように，$h_2 = 1$，$h_3 = 1$ と設定してみましょう。このディジタルフィルタはたたみ込み演算で隣接した 2 サンプルの和をとるように動作します。そのため，ゆっくりと振動する低周波成分は強調され，隣接サンプル間の符号が異なるように速く振動する高周波成分は抑圧されます。その結果，$|H(\omega)|$ は低域通過型の特性となります。

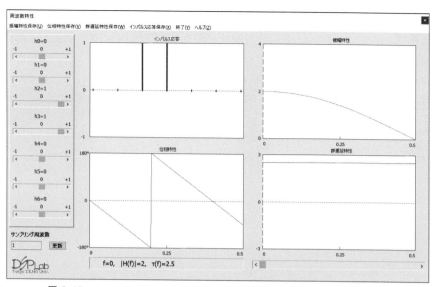

図 2.48 $h_2 = 1$, $h_3 = 1$ の場合の振幅特性，位相特性，群遅延特性

　一方，図 2.49 のように，$h_2 = -1$, $h_3 = 1$ と設定してみましょう。このディジタルフィルタは隣接した 2 サンプルの差をとるように動作します。そのため，低周波成分は抑圧され，高周波成分が強調されるため，$|H(\omega)|$ は高域通過型の特性となります。

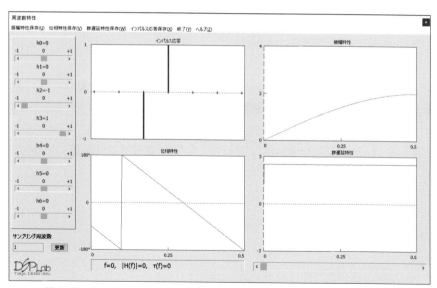

図 2.49 $h_2 = -1$, $h_3 = 1$ の場合の振幅特性，位相特性，群遅延特性

　図 2.50 のように，$h_0 = 0.07$, $h_1 = 0.25$, $h_2 = 0.37$, $h_3 = 0.32$, $h_4 = 0.1$, $h_5 = -0.05$, $h_6 = -0.07$ と設定すると，第 1 章のディジタルフィルタ体験ソフトウェアで表示したような，

いかにも低域通過フィルタのような形状の $|H(\omega)|$ が得られます。$\tau(\omega)$ のなかで過剰な値をとる周波数がありますが，これは $|H(\omega)|$ の表示を眺めると $|H(\omega)| = 0$ の周波数に相当することがわかります。この周波数では，信号は完全に遮断されます。このような周波数を設けた結果，効果的な遮断特性が得られています。その反動が過剰な $\tau(\omega)$ に現れていますが，もともと信号は遮断されるため，過剰な $\tau(\omega)$ でも問題ありません。

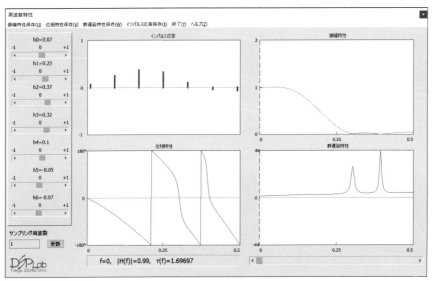

図 2.50 $h_0 = 0.07$，$h_1 = 0.25$，$h_2 = 0.37$，$h_3 = 0.32$，$h_4 = 0.1$，$h_5 = -0.05$，$h_6 = -0.07$ の場合の振幅特性，位相特性，群遅延特性

このソフトウェアでは，ウィンドウ右側下部のスクロールバーを動かすと，図2.51のように振幅特性上と群遅延特性上のマーカーが移動し，マーカーのある周波数の振幅特性値と群遅延特性値がウィンドウ真ん中下部に表示されます。詳細な値が知りたいときに使ってください。また，メニューバーの「振幅特性保存」「位相特性保存」「群遅延特性保存」「インパルス応答保存」メニューから，CSV 形式で値をファイルに保存できます。

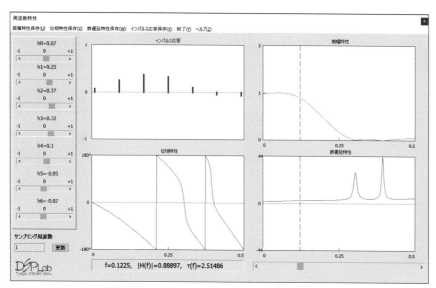

図 2.51　スクロールバーによるマーカー移動

h_n を動かして，インパルス応答が振幅特性，位相特性，群遅延特性に与える効果を体験してください。

2.7　ディジタルフィルタの伝達関数

　連続時間システムでは，システムの入出力関係式をラプラス変換して，伝達関数を導出し，システムの解析・設計に活用します。離散時間システムであるディジタルフィルタでは，ラプラス変換の離散時間版である z 変換を用いて伝達関数を導出します。本節では，z 変換について解説した後，伝達関数を導出し，伝達関数と周波数特性の関係，伝達関数のキーポイントである極と零点について解説します。

2.7.1　z 変換

　連続時間信号 $x(t)$ のラプラス変換 $X(s)$ は次式で定義されました。

$$X(s) = \int_0^\infty x(t)e^{-\sigma t}e^{-j\omega t}dt = \int_0^\infty x(t)e^{-st}dt \tag{2.84}$$

s は一般化周波数で

$$s = \sigma + j\omega \tag{2.85}$$

と定義されます。ここで，$\sigma > 0$ は減衰定数を表します。(2.84) 式では，積分範囲が 0 からスタートします。さらに，$x(t)$ に減衰を表す項 $e^{-\sigma t}$ を乗算した後，フーリエ変換しています。ラプラス変換はフーリエ変換の一般化で，たいていのシステムではスイッチ ON の瞬間を時刻 0 と考えること，どんな信号もシステム停止時には消失することを考えた変換です。

　ラプラス変換の離散時間版が **z 変換** です。(2.84) 式を離散化して，x_n の z 変換 $X(z)$ は次式で定義されます。

$$X(z) = \sum_{n=0}^\infty x_n e^{-sn} = \sum_{n=0}^\infty x_n z^{-n} \tag{2.86}$$

ここで，

$$z = e^s = e^{\sigma + j\omega} \tag{2.87}$$

とおきました。(2.86) 式は $n \geq 0$ の範囲を考えているため，片側 z 変換とも呼ばれます。もし，$n < 0$ で $x_n = 0$ を仮定すると，n の範囲を負まで拡張しても問題なく，

$$X(z) = \sum_{n=-\infty}^\infty x_n z^{-n} \tag{2.88}$$

を両側 z 変換と呼びます。z 変換の性質などを導出する際には両側 z 変換が便利であるため，本書では両側 z 変換を用います。

z の定義域は複素平面全体となります。これを，特に z 平面といいます。(2.86) 式でも (2.88) 式でも，$X(z)$ は z の多項式となります。そのため，z の値にかかわらず常に $X(z)$ が求められるわけではありません。z 変換を考える場合は，$X(z)$ の値が求められる z の範囲もあわせて明記する必要があります。これを収束領域といいます。

$x_n = \delta_n$ の場合，

$$X(z) = \sum_{n=-\infty}^{\infty} \delta_n z^{-n} = \delta_0 z^0 = 1 \tag{2.89}$$

となります。この場合，z にかかわらず常に $X(z) = 1$ であるため，収束領域は z 平面全体です。

次式で定義される単位ステップ信号 u_n を考えます。

$$u_n = \begin{cases} 1 & n \geq 0 \\ 0 & n < 0 \end{cases} \tag{2.90}$$

u_n は時刻 0 でスイッチ ON となる直流です。u_n を用いると，δ_n を

$$\delta_n = u_n - u_{n-1} \tag{2.91}$$

と求めることができます。$x_n = u_n$ を z 変換すると

$$X(z) = \sum_{n=-\infty}^{\infty} u_n z^{-n} \tag{2.92}$$

$$= 1 + z^{-1} + z^{-2} + \cdots \tag{2.93}$$

となります。これは初項 1，公比 z^{-1} の無限等比級数の和であるため，

$$X(z) = \frac{1}{1 - z^{-1}} \tag{2.94}$$

と求められます。ただし，無限等比級数の和の条件より公比の大きさは 1 未満である必要があり，

$$|z^{-1}| < 1 \Leftrightarrow |z| > 1 \tag{2.95}$$

が収束領域となります。z 平面上で大きさが 1 となる領域は，図 2.52 に示す半径 1 の単位円となります。そのため，$|z| > 1$ となるのは z 平面上で単位円の外側（単位円上は含まず）となります。

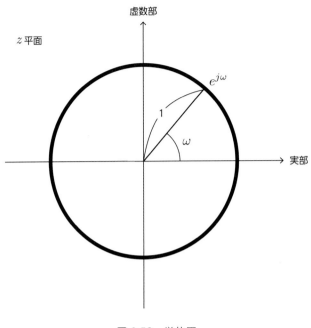

図 2.52 単位円

　次に，次式で定義される指数信号 r_n を考えます。

$$r_n = \alpha^n u_n \tag{2.96}$$

$\alpha > 0$ の場合，r_n は単調に増加もしくは減少する信号となり，$\alpha < 0$ の場合，r_n は振動しながら増加もしくは減少する信号となります。$\alpha = 0$ の場合は r_n は u_n と一致します。また，$|\alpha| < 1$ の場合は減少し，$|\alpha| > 1$ の場合は増加します。$x_n = r_n$ を z 変換すると，

$$X(z) = \sum_{n=-\infty}^{\infty} \alpha^n u_n z^{-n} \tag{2.97}$$

$$= 1 + \alpha z^{-1} + \alpha^2 z^{-2} + \cdots \tag{2.98}$$

となります。これは初項 1，公比 αz^{-1} の無限等比級数の和であるため，

$$X(z) = \frac{1}{1 - \alpha z^{-1}} \tag{2.99}$$

と求められます。収束領域は

$$|\alpha z^{-1}| < 1 \ \Leftrightarrow \ |z| > |\alpha| \tag{2.100}$$

となります。これは，z 平面上で半径 $|\alpha|$ の円の外側（円上は含まない）です。

2.7.2　z 変換の性質

x_n の z 変換が $X(z)$ のとき，x_n を 1 サンプルだけ遅らせた x_{n-1} の z 変換を考えます。定義どおり計算すると，次式となります。

$$\sum_{n=-\infty}^{\infty} x_{n-1} z^{-n} \tag{2.101}$$

ここで，$m = n - 1$ とおくと

$$\sum_{m=-\infty}^{\infty} x_m z^{-(m+1)} = \left(\sum_{m=-\infty}^{\infty} x_m z^{-m} \right) z^{-1} = X(z) z^{-1} \tag{2.102}$$

となります。同様に K サンプル遅延した場合は $X(z) z^{-K}$ となります。ディジタルフィルタ回路では，z^{-1} で 1 サンプル遅延器を表します。1 つのディジタルフィルタ回路には複数の 1 サンプル遅延器が搭載されており，ハードウェアではメモリ回路，ソフトウェアでは配列で実現されます。

次に，たたみ込み演算の z 変換を考えます。インパルス応答が h_n，入力信号が x_n のディジタルフィルタの出力信号 y_n は次式のたたみ込み演算で求められました。

$$y_n = \sum_{k=-\infty}^{\infty} h_k x_{n-k}$$

y_n，h_n，x_n の z 変換をそれぞれ $Y(z)$，$H(z)$，$X(z)$ とすると，次式のように求められます。

$$Y(z) = \sum_{n=-\infty}^{\infty} \sum_{k=-\infty}^{\infty} h_k x_{n-k} z^{-n} \tag{2.103}$$

ここで，$m = n - k$ とおくと

$$Y(z) = \sum_{m=-\infty}^{\infty} \sum_{k=-\infty}^{\infty} h_k x_m z^{-(m+k)} \tag{2.104}$$

$$= \sum_{k=-\infty}^{\infty} h_k z^{-k} \sum_{m=-\infty}^{\infty} x_m z^{-m} \tag{2.105}$$

$$= H(z) X(z) \tag{2.106}$$

となります。つまり，たたみ込み演算の z 変換はそれぞれの z 変換の積となります。たたみ込み演算の計算において，h_n と x_n の役割を入れ替えても出力信号は同じであると述べましたが，(2.106) 式はその事実を容易に理解できる表現を与えています。

z 変換を用いて，2.5.2 項で述べた因果性と安定性について考えてみます。因果性の条件は $h_n = 0$，$n < 0$ でした。別の表現を用いると $h_n \times u_n$ と表すことができます。そのときの $H(z)$ の収束領域は

$$|z| > C \tag{2.107}$$

でした。ここで C は定数です。一方，安定性の条件は

$$\sum_{n=-\infty}^{\infty} |h_n| < \infty \tag{2.108}$$

でした。z 領域で考えるために次式を考えます。

$$\sum_{n=-\infty}^{\infty} |h_n z^{-n}| < \sum_{n=-\infty}^{\infty} |h_n||z^{-n}| \tag{2.109}$$

(2.108) 式と (2.109) 式右辺を比較すると，安定性条件は $|z| = 1$，つまり単位円が収束領域に含まれることを要請しています。したがって，因果性と安定性を同時に満たすディジタルフィルタの $H(z)$ の収束領域には $C < 1$，すなわち単位円を含むことが条件となります。

　例えば，$h_n = u_n$ の場合は単位円を収束領域に含まないので，不安定になります。これは，u_n が $n \to \infty$ でも出力が存在するためです。一方，$|\alpha| < 1$ に対して $h_n = \alpha^n u_n$ の場合は単位円を収束領域に含むので，安定になります。これは，$\alpha^n u_n$ が $n \to \infty$ で 0 に近づくためです。

2.7.3　伝達関数

　たたみ込みの z 変換より，

$$Y(z) = H(z)X(z)$$

の関係がありました。これを変形すると，

$$H(z) = \frac{Y(z)}{X(z)} \tag{2.110}$$

が得られます。$H(z)$ を**伝達関数**（transfer function）といいます。

　FIR フィルタの伝達関数を求めるために，(2.41) 式の両辺を z 変換すると，次式となります。

$$Y(z) = \sum_{k=0}^{N} h_k X(z) z^{-k} \tag{2.111}$$

これより，$H(z)$ は

$$H(z) = \frac{Y(z)}{X(z)} = \sum_{k=0}^{N} h_k z^{-k} \tag{2.112}$$

と求められます。一方，**IIR フィルタの伝達関数**を求めるために，(2.48) 式の両辺を z 変換すると，次式となります。

$$Y(z) = -\sum_{k=1}^{M} b_k Y(z) z^{-k} + \sum_{k=0}^{N} a_k X(z) z^{-k} \tag{2.113}$$

これより，$H(z)$ は

$$H(z) = \frac{\displaystyle\sum_{k=0}^{N} a_k z^{-k}}{1 + \displaystyle\sum_{k=1}^{M} b_k z^{-k}} \tag{2.114}$$

と求められます。

　もともと $H(z)$ は h_n の z 変換であり，因果性を満たす h_n を考えると，$n \geq 0$ のみ考えればよいため，

$$H(z) = \sum_{n=0}^{\infty} h_n z^{-n} \tag{2.115}$$

と求められます。FIR フィルタの場合，(2.112) 式と (2.115) 式の形がインパルス応答長を除いて一致するため，h_n を直ちに求められます。一方，IIR フィルタの場合は (2.114) 式と (2.115) 式の形は一致しません。2.4 節で例として挙げた

$$y_n = -b_1 y_{n-1} + x_n \tag{2.116}$$

では，$x_n = \delta_n$ を与えて h_n を導出しました。(2.116) 式の両辺を z 変換して $H(z)$ を求めると，

$$H(z) = \frac{1}{1 + b_1 z^{-1}} \tag{2.117}$$

となります。$H(z)$ を逆 z 変換すると

$$h_n = (-b_1)^n u_n \tag{2.118}$$

が導出でき，2.4 節の結果と一致します。このように，$H(z)$ を用いると，h_n の導出が容易になる場合があります。

　z 変数の定義より，$z = e^s = e^{\sigma + j\omega}$ ですが，正弦波入力を考える場合は減衰項は考えなくてよいため，$\sigma = 0$ とおいて $z = e^{j\omega}$ となります。(2.115) 式に $z = e^{j\omega}$ を代入すると，

$$H(\omega) = \sum_{n=0}^{\infty} h_n e^{-jn\omega} \tag{2.119}$$

となり，周波数特性と一致します。この関係を利用すると，$H(z)$ を用いれば，h_n を導出することなく，周波数特性を求めることができることがわかります。

2.7.4 極・零点配置と周波数特性

FIR フィルタは IIR フィルタからフィードバック部分を取り除いたフィルタのため，IIR フィルタの特殊ケースとして考えることができます。そこで，次式の IIR フィルタの伝達関数をディジタルフィルタの伝達関数の一般形として考えることにします。

$$H(z) = \frac{\displaystyle\sum_{k=0}^{N} a_k z^{-k}}{1 + \displaystyle\sum_{k=1}^{M} b_k z^{-k}} \tag{2.120}$$

$$= \frac{a_0 + a_1 z^{-1} + a_2 z^{-2} + \cdots + a_N z^{-N}}{1 + b_1 z^{-1} + b_2 z^{-2} + \cdots + b_M z^{-M}} \tag{2.121}$$

$$= a_0 \cdot \frac{1 + \dfrac{a_1}{a_0} z^{-1} + \dfrac{a_2}{a_0} z^{-2} + \cdots + \dfrac{a_N}{a_0} z^{-N}}{1 + b_1 z^{-1} + b_2 z^{-2} + \cdots + b_M z^{-M}} \tag{2.122}$$

$$= a_0 \cdot z^{-(N-M)} \cdot \frac{z^N + \dfrac{a_1}{a_0} z^{N-1} + \dfrac{a_2}{a_0} z^{N-2} + \cdots + \dfrac{a_N}{a_0}}{z^M + b_1 z^{M-1} + b_2 z^{M-2} + \cdots + b_M} \tag{2.123}$$

このように $H(z)$ は z の有理関数となります。そこで，$H(z)$ の分子・分母多項式を次式のように因数分解します。

$$H(z) = a_0 \cdot z^{-(N-M)} \cdot \frac{(z - c_1) \cdot (z - c_2) \cdots (z - c_N)}{(z - d_1) \cdot (z - d_2) \cdots (z - d_M)} \tag{2.124}$$

分子多項式の根 $c_1, c_2, \cdots, c_N$ を**零点**（null），分母多項式の根 $d_1, d_2, \cdots, d_M$ を**極**（pole）といいます。分子・分母多項式が実数の係数をもつ多項式の場合，$c_n,\ n = 1, 2, \cdots, N$ と $d_m,\ m = 1, 2, \cdots, M$ は実数もしくは複素共役の値をとります。

$z = c_n,\ n = 1, 2, \cdots, N$ はいかなる入力に対しても出力が 0 になり，何も伝送しない状態を表します。一方，$z = d_m,\ m = 1, 2, \cdots, M$ は有限の出力に対して入力が 0 の状態となり，発振状態を表します。

極を用いると，ディジタルフィルタの安定性の判定が行えます。$z = d_m,\ m = 1, 2, \cdots, M$ のとき，$H(z) \to \infty$ となり，入力 0 に対して有限の値を出力する不安定な状態になります。2.7.2 項で，安定なディジタルフィルタの条件が，$H(z)$ の収束領域に単位円を含むことであることを述べました。つまり，安定なディジタルフィルタでは，**全ての極が単位円内部に存在**する必要があります。これは $|d_m|,\ m = 1, 2, \cdots, M$ のうち最大値が 1 未満であることと等価です。最大の $|d_m|$ を最大極半径といいます。FIR フィルタは分母多項式がないため，極がないように思われますが，FIR フィルタの伝達関数 $H(z)$ を

$$H(z) = z^{-N} \left(h_0 z^N + h_1 z^{N-1} + \cdots + h_N \right) \tag{2.125}$$

$$= \frac{1}{z^N} \cdot (z - c_1) \cdot (z - c_2) \cdots (z - c_N) \tag{2.126}$$

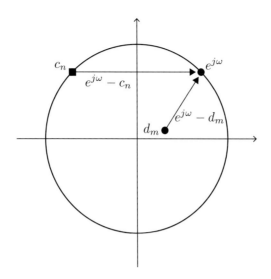

図 2.53 z 平面上の極・零点配置と周波数特性

と表現すると，N 個の極全てが $z = 0$ に集積していることがわかります。この極の配置は h_n の値によらないため，有限な値の h_n をもつ **FIR フィルタは常に安定**であることがわかります。これを，絶対安定といいます。

　極と零点は，周波数特性を考える際にも役立ちます。(2.124) 式に $z = e^{j\omega}$ を代入し，周波数特性 $H(\omega)$ を求めると次式となります。

$$H(\omega) = a_0 \cdot e^{-j\omega(N-M)} \cdot \frac{(e^{j\omega} - c_1) \cdot (e^{j\omega} - c_2) \cdots (e^{j\omega} - c_N)}{(e^{j\omega} - d_1) \cdot (e^{j\omega} - d_2) \cdots (e^{j\omega} - d_M)} \tag{2.127}$$

ここで，$e^{j\omega}$ は z 平面上で半径 1 の単位円を表します。また，ω は正規化角周波数で $[-\pi, \pi]$ の範囲を動きますが，正の周波数と負の周波数での周波数特性は互いに複素共役の関係にあるため，正の周波数のみ考えれば十分です。そのため，$\omega : [0, \pi]$ で動かします。そのとき，$e^{j\omega}$ は単位円の上半分を動くことになります。

　(2.127) 式の $e^{j\omega} - c_n$ は図 2.53 のように，z 平面上で c_n から $e^{j\omega}$ へ向かうベクトルとなります。したがって，$|e^{j\omega} - c_n|$ はそのベクトルの長さ，$\angle (e^{j\omega} - c_n)$ はそのベクトルと実軸とのなす角を表します。$e^{j\omega} - d_m$ についても同様です。

　(2.127) 式より，$|H(\omega)|$ と $\angle H(\omega)$ は次式で求められます。

$$|H(\omega)| = |a_0| \cdot \frac{|e^{j\omega} - c_1| \cdot |e^{j\omega} - c_2| \cdots |e^{j\omega} - c_N|}{|e^{j\omega} - d_1| \cdot |e^{j\omega} - d_2| \cdots |e^{j\omega} - d_M|} \tag{2.128}$$

$$\begin{aligned} \angle H(\omega) = &-\omega(N-M) \\ &+ \angle(e^{j\omega} - c_1) + \angle(e^{j\omega} - c_2) + \cdots + \angle(e^{j\omega} - c_N) \\ &- \angle(e^{j\omega} - d_1) - \angle(e^{j\omega} - d_2) - \cdots - \angle(e^{j\omega} - d_M) \end{aligned} \tag{2.129}$$

ω を 0 から π まで動かすとき，$e^{j\omega}$ が c_n に近づくと $|H(\omega)|$ が小さくなります。特に，c_n が単位円上にあると $|H(\omega)| = 0$ となり，その周波数の信号成分は完全に遮断されます。一方，$e^{j\omega}$ が d_m に近づくと $|H(\omega)|$ が大きくなります。$\angle H(\omega)$ は，c_n もしくは d_m が $e^{j\omega}$ に近いほど，c_n，d_m 付近での ω の変動に対する $\angle H(\omega)$ の変動が大きくなるため，ω に対する $\angle H(\omega)$ の変化率である $\tau(\omega)$ も大きくなります。

　急峻な遮断特性の簡単な形成方法は，遮断したい周波数付近で急激なピークを形成するように単位円近くに d_m のいずれかを配置し，そのすぐ近くの周波数でゲインを 0 に落とすように c_n のいずれかを単位円上に配置することです。しかし，この場合は遮断周波数付近の群遅延が大きくなることに注意が必要です。

　z 平面上での極・零点配置と振幅特性の関係を調べるために，ソフトウェアを利用しましょう。収録ソフトウェアの第 2 章フォルダの「極・零点配置と周波数特性.exe」を起動してください。図 2.54 のウィンドウが現れます。このソフトウェアは 1.7 節のディジタルフィルタの体験 7.exe と同様の動きをします。ここでは，(2.128) 式において $M = N = 2$ の場合を想定しており，振幅特性 $|H(\omega)|$ を

$$|H(\omega)| = |a_0| \cdot \frac{|e^{j\omega} - c_1| \cdot |e^{j\omega} - c_2|}{|e^{j\omega} - d_1| \cdot |e^{j\omega} z - d_2|} \tag{2.130}$$

$$= G \cdot \frac{|e^{j\omega} - c| \cdot |e^{j\omega} - c^*|}{|e^{j\omega} - d| \cdot |e^{j\omega} - d^*|} \tag{2.131}$$

と表します。ここで，ゲインを表すという意味で $G = |a_0|$ と記号の書き換えと，c_1 と c_2，d_1 と d_2 は互いに複素共役であることに注目し，$c = c_1$，$c^* = c_1^*$，$d = d_1$，$d^* = d_1^*$ の書き換えを行っています。

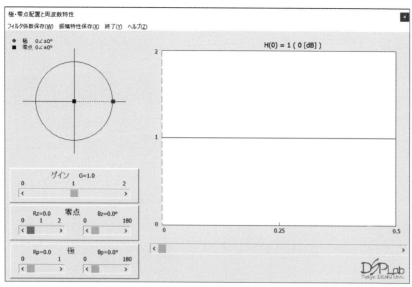

図 2.54 極・零点配置と周波数特性.exe の起動ウィンドウ

c は複素数ですので，大きさを R_z，偏角を θ_z とすると

$$c, c^* = R_z e^{\pm j\theta_z} \tag{2.132}$$

と表せます。同様に d も，大きさを R_p，偏角を θ_p とすると

$$d, d^* = R_p e^{\pm j\theta_p} \tag{2.133}$$

と表せます。

ソフトウェア起動時は，$R_z = 0$，$\theta_z = 0$，$R_p = 0$，$\theta_p = 0$，$G = 1$ と設定されています。そのため，

$$|H(\omega)| = 1 \tag{2.134}$$

となり，ウィンドウ右上の振幅特性は周波数によらず値は 1 です。

次に，ウィンドウ左下側のスクロールバーを動かして，図 2.55 のように $R_z = 1$，$\theta_z = 125°$，$R_p = 0.67$，$\theta_p = 75°$，$G = 0.3$ と設定します。この特性は低域通過特性です。このソフトウェアでは，振幅特性の下のスクロールバーで振幅特性上のマーカーを動かすと同時に，ウィンドウ左上側の z 平面の単位円上に配置している，現在マーカーがある周波数に対応する $e^{j\omega}$ の点が移動し，「$e^{j\omega}$ ―極」間の距離，「$e^{j\omega}$ ―零点」間の距離が確認できます。

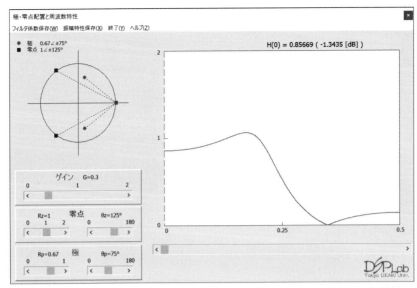

図 2.55 $R_z = 1$, $\theta_z = 125°$, $R_p = 0.67$, $\theta_p = 75°$, $G = 0.3$ の振幅特性

図 2.56 のように，マーカーを移動して z 平面上で $e^{j\omega}$ を極付近に移動すると，その周波数では「$e^{j\omega}$ —極」間の距離が小さくなるため，その逆数である振幅特性は大きくなります。特に，極が単位円に近い場合は，振幅特性にピークが形成されます。

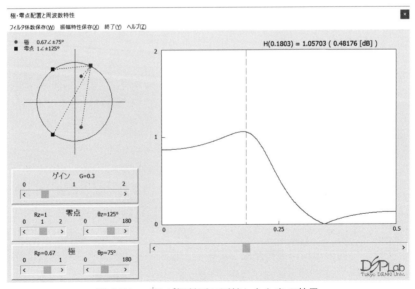

図 2.56 $e^{j\omega}$ が極付近に近接したときの効果

一方，図 2.57 のように，z 平面上で $e^{j\omega}$ を単位円上の零点付近に移動すると，その周波数で

は「$e^{j\omega}$ —零点」間の距離が小さくなるため，振幅特性は小さくなります。特に，単位円上の零点と重なった場合は，振幅特性にヌルが形成されます。

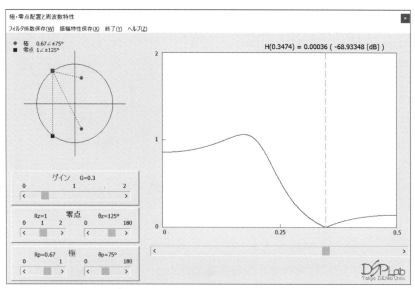

図 2.57 $e^{j\omega}$ が単位円上の零点付近に近接したときの効果

このように，振幅特性の形状は z 平面上の極・零点配置によって決まります。このソフトウェアを利用して，極・零点配置の違いによる振幅特性の形状の違いを観察してください。

2.7.5 2次IIRフィルタの縦続接続

(2.120) 式において，$N = M = 2$ の場合の $H(z)$ をあらためて

$$H(z) = G \cdot \frac{1 + a_1 z^{-1} + a_2 z^{-2}}{1 + b_1 z^{-1} + b_2 z^{-2}} \tag{2.135}$$

と書くことにします。この場合の入出力関係は

$$y_n = -b_1 y_{n-1} - b_2 y_{n-2} + G \cdot (x_n + a_1 x_{n-1} + a_2 x_{n-2}) \tag{2.136}$$

となります。(2.135) 式において，G を除いた部分を 1 つのフィルタ区間と考え，i 番目のフィルタ区間の伝達関数 $H_i(z)$ を次式で定義します。

$$H_i(z) = \frac{1 + a_{i1} z^{-1} + a_{i2} z^{-2}}{1 + b_{i1} z^{-1} + b_{i2} z^{-2}} \tag{2.137}$$

$N > 2$，$M > 2$ の場合，i 段目の $H_i(z)$ の出力信号を $i+1$ 段目の $H_{i+1}(z)$ の入力信号として用いる縦続接続を用います。L 段の縦続接続の伝達関数 $H(z)$ は

$$H(z) = G \cdot H_1(z) \cdot H_2(z) \cdots H_L(z) \tag{2.138}$$

のように，各段の伝達関数の積で表されます。振幅特性 $|H(\omega)|$ と位相特性 $\angle H(\omega)$，群遅延特性 $\tau(\omega)$ は次式で求められます。

$$|H(\omega)| = |G| \cdot |H_1(\omega)| \cdot |H_2(\omega)| \cdots |H_L(\omega)| \tag{2.139}$$

$$\angle H(\omega) = \angle H_1(\omega) + \angle H_2(\omega) + \cdots + \angle H_L(\omega) \tag{2.140}$$

$$\tau(\omega) = \tau_1(\omega) + \tau_2(\omega) + \cdots + \tau_L(\omega) \tag{2.141}$$

ここで，

$$\tau_i(\omega) = -\frac{d\angle H_i(\omega)}{d\omega} \tag{2.142}$$

を表しています。

　IIR フィルタでは必ずしも $N = M$ である必要はありませんので，不要な係数は 0 とおきます。例えば，分母多項式のみ 2 次である場合は $a_{i1} = 0$，$a_{i2} = 0$ とおいて，

$$H_i(z) = \frac{1}{1 + b_{i1}z^{-1} + b_{i2}z^{-2}} \tag{2.143}$$

とします。また，分子多項式が 1 次，分母多項式が 2 次の場合は $a_{i2} = 0$ とおいて，

$$H_i(z) = \frac{1 + a_{i1}z^{-1}}{1 + b_{i1}z^{-1} + b_{i2}z^{-2}} \tag{2.144}$$

とします。これで，任意の次数の IIR フィルタを表現できます。なお，FIR フィルタは全ての b_{i1}，b_{i2} を 0 とおいた場合に相当します。

　(2.137) 式が複素共役根，つまり判別式が負である状況を考えます。まず，零点 c_{i1}，c_{i2} は

$$c_{i1}, c_{i2} = \frac{-a_{i1} \pm j\sqrt{4a_{i2} - a_{i1}^2}}{2} \tag{2.145}$$

と求まります。極座標形式を用いて，$c_{i1}, c_{i2} = R_{zi}e^{\pm j\theta_{zi}}$ と書くことにすると，

$$R_{zi} = \sqrt{a_{i2}} \tag{2.146}$$

$$\theta_{zi} = \mp\tan^{-1}\sqrt{\frac{4a_{i2}}{a_{i1}^2} - 1} \tag{2.147}$$

と求まります。R_{zi} は零点の大きさ，θ_{zi} は零点の偏角を表します。同様に，極 $d_{i1}, d_{i2} = R_{pi}e^{\pm j\theta_{pi}}$ は

$$R_{pi} = \sqrt{b_{i2}} \tag{2.148}$$

$$\theta_{pi} = \mp\tan^{-1}\sqrt{\frac{4b_{i2}}{b_{i1}^2} - 1} \tag{2.149}$$

と求まります。R_{pi} は極の大きさ，θ_{pi} は極の偏角を表します。このように，零点と極の大きさに影響を与えるのは z^{-2} の係数 (a_{i2}, b_{i2}) のみです。安定なディジタルフィルタの条件は全ての極が単位円内に存在することです。そのため，この表現を用いると b_{i2} の値をチェックし，全ての $b_{i2}, i = 1, 2, \cdots, L$ が 1 未満であれば安定であることが確認できます。一方，偏角は，全ての係数値に依存します。

2.7.6 フィルタ係数と振幅特性

収録ソフトウェアの第 2 章フォルダの「フィルタ係数と周波数特性.exe」を起動してください。図 2.58 のウィンドウが現れます。このソフトウェアでは，1 段の 2 次 IIR フィルタを用います。そのため，$H(z)$ の添字 i を省略し，

$$H(z) = G \cdot \frac{1 + a_1 z^{-1} + a_2 z^{-2}}{1 + b_1 z^{-1} + b_2 z^{-2}} \tag{2.150}$$

と書き直した伝達関数を考えます。$H(z)$ に対して，フィルタ係数ならびにゲイン G の値をウィンドウ下部のスクロールバーで動かしたときの z 平面上の極と零点配置と振幅特性を表示します。z 平面上で●で極，■で零点を表示しています。また，振幅特性の横軸は正規化周波数，縦軸は $|H(\omega)|$ を表示しています。

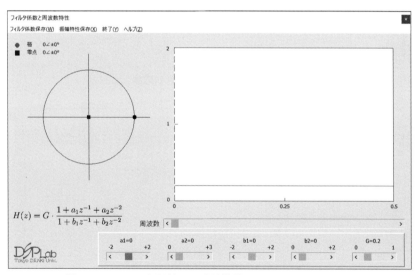

図 2.58 フィルタ係数と周波数特性.exe の起動ウィンドウ

起動時は，$a_1 = 0$，$a_2 = 0$，$b_1 = 0$，$b_2 = 0$，$G = 0.2$ と設定されているため，(2.135) 式は

$$H(z) = G \tag{2.151}$$

となり，振幅特性は f とは無関係に 0.2 と表示されています。

図 2.59 のように，$a_1 = 1$，$a_2 = 1$ と設定すると，零点が $R_z = 1$ で，単位円上に配置されます。図 2.60 のように，振幅特性の下部のスクロールバーを動かすと，振幅特性上のマーカーが移動し，マーカー位置の周波数と振幅特性値が振幅特性上部に表示されます。さらに，単位円上の●が現在の周波数に対応する場所へ移動し，単位円と零点の間，単位円と極の間を結ぶ直線を表示します。現在の設定では，周波数によらず単位円と極の距離は常に 1 ですが，零点との距離は零点に近づくにつれて小さくなるため，振幅特性は周波数の増加とともに小さくなり，零点を超えた時点で大きくなることがわかります。

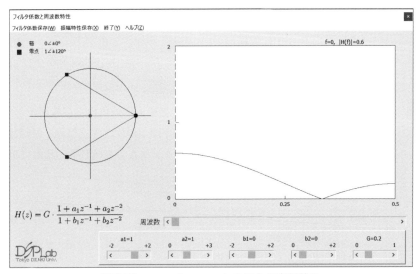

図 2.59　$a_1 = 1$，$a_2 = 1$ の場合の実行結果

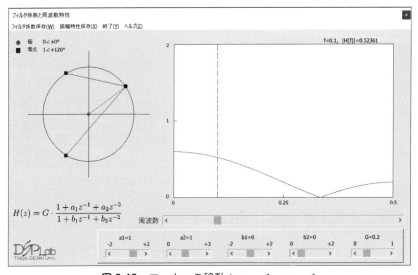

図 2.60　マーカーの移動：$a_1 = 1$，$a_2 = 1$

次に，図 2.61 のように，$a_1 = 1$，$a_2 = 0.5$ と設定すると，R_z が変動するとともに，θ_z も動くことがわかります。このとき，零点は単位円上にありませんので，振幅特性が 0 になりません。

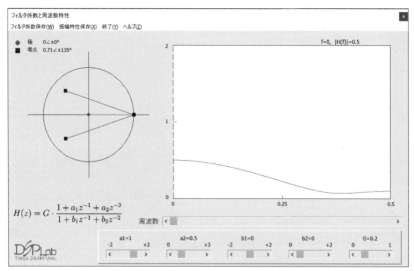

図 2.61　$a_1 = 1$，$a_2 = 0.5$ の場合の実行結果

　図 2.62 のように，$a_1 = 1$，$a_2 = 1$，$b_2 = 0.4$ と設定すると，R_p も変動します。ただし，$b_1 = 0$ ですので，θ_p は 90° となります。極が原点にある場合，$|e^{j\omega} - d_1|$ はどの ω に対しても 1 となりますが，$R_p > 0$ の場合は $|e^{j\omega} - d_1|$ は ω が θ_p に近づくにつれて小さくなるため，振幅特性は大きくなります。図 2.62 では，零点が 120° の単位円上にあるため，ω が 120° に近づくにつれて小さくなり，低域通過型の特性になります。

　図 2.63 のように，$a_1 = 1$，$a_2 = 1$，$b_1 = -0.7$，$b_2 = 0.4$ と設定すると，R_p はそのままで θ_p が変動します。この場合は，$\theta_p = 56.4°$ ですが，図 2.62 と比べて零点から離れているため，極付近の周波数でのピークが目立っていることがわかります。このままでは，直流の振幅特性値が 1 未満ですので，図 2.64 のように，$G = 0.23$ に設定してレベルアップします。

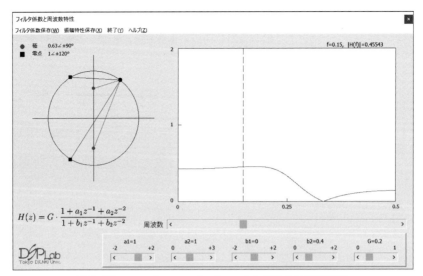

図 2.62 $a_1 = 1,\ a_2 = 1,\ b_2 = 0.4$ の場合の実行結果

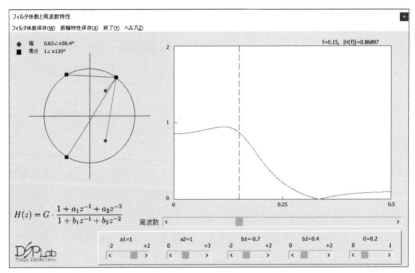

図 2.63 $a_1 = 1,\ a_2 = 1,\ b_1 = -0.7,\ b_2 = 0.4$ の場合の実行結果

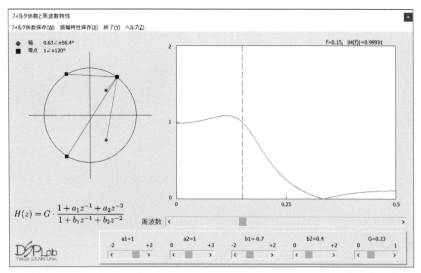

図 2.64 $a_1 = 1,\ a_2 = 1,\ b_1 = -0.7,\ b_2 = 0.4,\ G = 0.23$ の場合の実行結果

メニューバーの「フィルタ係数保存」を選択すると，ファイル選択ウィンドウが表示されますので，ファイル名（○○○.txt）を入力すると，フィルタ係数が保存されます。ファイルには以下の内容が保存されます。

1：2次 IIR フィルタの段数
G の値
1
a_1 の値
a_2 の値
b_1 の値
b_2 の値

同様に，振幅特性保存を選択すると，ファイル選択ウィンドウが表示されますので，ファイル名を入力すると，振幅特性が正規化周波数，振幅特性値の順に保存されます。振幅特性はマイクロソフト Excel で編集できます。

収録ソフトウェアの第 2 章フォルダの「基本フィルタの縦続接続.exe」を起動してください。図 2.65 のウィンドウが現れます。このソフトウェアは，音声信号に対し，高周波帯域にランダムにノイズを加えた信号に対して，2 次 IIR フィルタを縦続接続して，ノイズ除去を行います。ここでは，同じ特性のフィルタの縦続接続を考えます。そのため，フィルタ係数で振幅特性を調整するフィルタは 1 つのみで，このフィルタを基本フィルタと呼ぶことにします。

図 2.65　基本フィルタの縦続接続.exe の起動ウィンドウ

　まず，メニューバーの「音声入力」→「WAV ファイル入力」を選択し，入力信号を選択します。ここでは，データフォルダ内の「サンプル音声.wav」を読み込んだとします。図 2.66 のように，ウィンドウ真ん中の一番上にサンプル音声.wav の信号波形そのもの，2 番目にサンプル音声.wav にランダムノイズを付加した信号が表示されます。付加ノイズの周波数帯域は，ある周波数以上の帯域に限定していますが，その周波数はランダムに決定しているため，不明です。そのため，フィルタ係数を適当に動かして，図 2.67 のように，フィルタもどきの特性を作り，ノイズ除去ボタンを押してみます。そうすると，図 2.68 のように，ウィンドウ右側上部にノイズ付加信号の周波数スペクトル，下部にノイズ除去信号の周波数スペクトルが表示されます。もちろん，フィルタもどきではノイズ除去できませんので，両方のスペクトルともに高周波に大きな成分が現れます。ここで，2.7.5 項で説明したとおり，2 次 IIR フィルタの極は $\sqrt{b_2}$ となりますので，ソフトウェア上では可動範囲を 0 ～ 1 に限定しています。

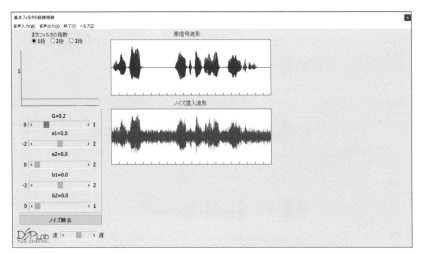

図 2.66 入力ファイル読み込み時のウィンドウ

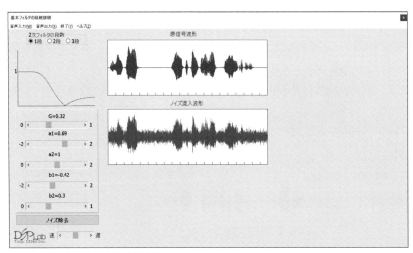

図 2.67 フィルタもどきの振幅特性

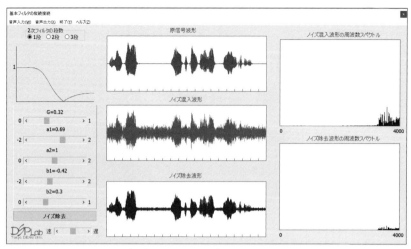

図 2.68 ノイズ付加信号とノイズ除去信号の周波数スペクトル

　周波数スペクトル情報を頼りに，フィルタ係数と周波数特性.exe で培った技を発揮し，図 2.69 のように本気のフィルタ特性でノイズ除去を行います。ただ，本気で構築を試みたフィルタとはいえ，2 次 IIR フィルタ 1 つでは，高周波数帯域でもそれなりのゲインをもっています。そのため，ノイズ除去信号の無音区間を見ると，ノイズ成分がかなり残っていることがわかります。

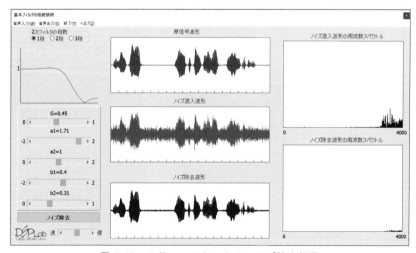

図 2.69 1 段フィルタによるノイズ除去信号

　そこで，ウィンドウ左側上部のラジオボタンで 2 次フィルタの段数を 2 に設定し，再度ノイズ除去を実行すると，図 2.70 の結果が得られます。段数が 1 のときと比べると，振幅特性の高周波側のゲインが小さくなっていることがわかります。これは，段数を 2 段にしたことで，

振幅特性が $|H(\omega)| \times |H(\omega)| = |H(\omega)|^2$ となり，もともと 1 未満であった高周波側のゲインを 2 乗した結果，さらに小さい値になったためです．さらに，段数を 3 に増やすと，振幅特性は $|H(\omega)|^3$ になりますので，図 2.71 のように高周波側のゲインがさらに小さくなり，出力信号からノイズがかなり除去されていることが確認できます．さらに，段数を増やすにつれて，振幅特性の遮断特性 (ゲインが高いところから低いところへ移る特性) が鋭くなることも注目すべき点です．

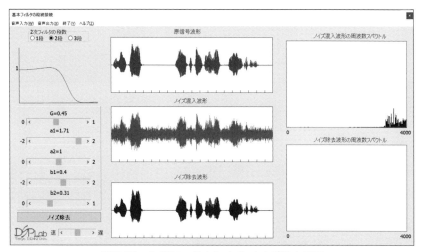

図 2.70 2 段フィルタによるノイズ除去信号

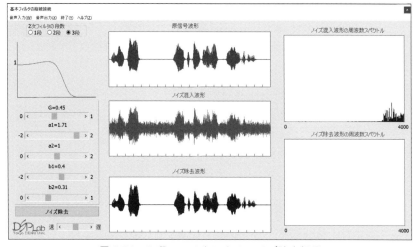

図 2.71 3 段フィルタによるノイズ除去信号

このソフトウェアを活用して，フィルタの縦続接続の効果，特に振幅特性の形状の変動，ノイズ除去性能の変動を体験してください．

このソフトウェアにも音声の録音・再生機能を実装していますので，自分の声を使って多段フィルタの効果を体験してください。

2.7.7　縦続接続の極・零点配置と周波数特性

前項のソフトウェアでは，フィルタ係数を与えた場合の縦続接続の極・零点配置と振幅特性を調べました。本項では，極・零点配置を与えた場合の周波数特性を考えます。収録ソフトウェアの第 2 章フォルダの「縦続接続の極・零点配置と周波数特性.exe」を起動してください。図 2.72 のウィンドウが現れます。このソフトウェアでは 2 次 IIR フィルタの段数が $L = 3$ の $H(z)$ を想定しています。

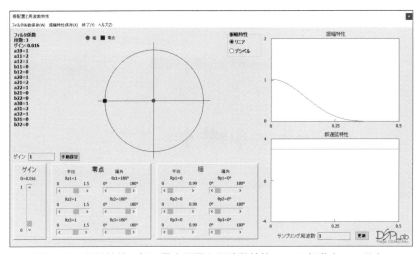

図 2.72　縦続接続の極・零点配置と周波数特性.exe の起動ウィンドウ

極と零点を用いると，周波数特性 $H(\omega)$ は次式となります。

$$
\begin{aligned}
H(\omega) = G \cdot & \frac{(e^{j\omega} - R_{z1}e^{j\theta_{z1}})(e^{j\omega} - R_{z1}e^{-j\theta_{z1}})}{(e^{j\omega} - R_{p1}e^{j\theta_{p1}})(e^{j\omega} - R_{p1}e^{-j\theta_{p1}})} \\
& \cdot \frac{(e^{j\omega} - R_{z2}e^{j\theta_{z2}})(e^{j\omega} - R_{z2}e^{-j\theta_{z2}})}{(e^{j\omega} - R_{p2}e^{j\theta_{p2}})(e^{j\omega} - R_{p2}e^{-j\theta_{p2}})} \\
& \cdot \frac{(e^{j\omega} - R_{z3}e^{j\theta_{z3}})(e^{j\omega} - R_{z3}e^{-j\theta_{z3}})}{(e^{j\omega} - R_{p3}e^{j\theta_{p3}})(e^{j\omega} - R_{p3}e^{-j\theta_{p3}})}
\end{aligned}
\tag{2.152}
$$

このソフトウェアでは，ウィンドウ中心上部に z 平面上の極と零点配置，右側上部に振幅特性，右側下部に群遅延特性，下側にゲイン，零点，極を設定するためのスクロールバーを配置しています。また，ウィンドウ左側に極と零点から算出したフィルタ係数を表示しています。極と零点では大きさと偏角を別々に設定します。

起動時は，全ての零点が $R_{zi} = 1$，$\theta_{zi} = 180°$，$i = 1, 2, 3$，全ての極が 0 に設定されていま

す。したがって，初期伝達関数は

$$H(z) = G \cdot (1 + z^{-1})^2 \cdot (1 + z^{-1})^2 \cdot (1 + z^{-1})^2 \tag{2.153}$$

となります。

$1 + z^{-1}$ を単独のフィルタと考えると，そのインパルス応答は $h_n = \delta_n + \delta_{n-1}$ であり，遅延時間は 1/2 サンプルとなります。$(1 + z^{-1})^2$ では $1 + z^{-1}$ を 2 回通過するため，1 サンプルの遅延となります。$H(z)$ では，それが 3 つ続くため，計 3 サンプルの遅延となり，群遅延特性が 3 を示しています。

振幅特性は z 平面上で $|e^{j\omega} - e^{j180°}|$ を考えると，$\omega = 0$ では 2 となり，ω が 180° に近づくにつれてその大きさは小さくなり，180° で 0 になります。したがって，$\omega = 0$ では $2 \times 2 = 4$ となり，$H(z)$ では，それが 3 つ続くため，$4 \times 4 \times 4 = 64$ となります。そのため，ゲイン G を $G = 1/64 = 0.015625 \approx 0.016$ に設定し，$|H(0)|$ をほぼ 1 に調整しています。

振幅特性と群遅延特性はいずれも横軸に正規化周波数を設定していますが，ウィンドウ右下の「サンプリング周波数」入力欄に設定し，更新 ボタンを押すと，設定したサンプリング周波数に応じた表示に変更できます。

このソフトウェアでも，メニューバーから振幅特性とフィルタ係数をファイル保存できます。

図 2.73 のように $R_{z1} = 1$, $\theta_{z1} = 108°$, $R_{z2} = 1$, $\theta_{z2} = 130°$, $R_{z3} = 1$, $\theta_{z3} = 155°$, $R_{p1} = 0.85$, $\theta_{p1} = 70°$, $R_{p2} = 0.54$, $\theta_{p2} = 70°$, $R_{p3} = 0.34$, $\theta_{p3} = 38°$, $G = 0.019$ と設定し，全ての極を第 1 象限（複素共役根は第 4 象限），全ての零点を第 2 象限（複素共役根は第 3 象限）の単位円上に配置すると，低域通過型の振幅特性が得られます。この特性形成に一番寄与しているのは，$R_{p1} = 0.85$, $\theta_{p1} = 70°$ と，$R_{z1} = 1$, $\theta_{z1} = 108°$ の設定です。正規化周波数 0.25 は z 平面上で 90° に対応しますが，そのちょっと手前の 70° 付近の単位円に近い位置に極を配置し，ピークを形成しています。それに対し，90° をちょっと超えた 108° の単位円上に零点を配置し，その周波数の振幅特性値を強制的に 0 に抑えています。その結果，正規化周波数が 0.2 〜 0.28 に付近に急激な遮断特性を形成しています。

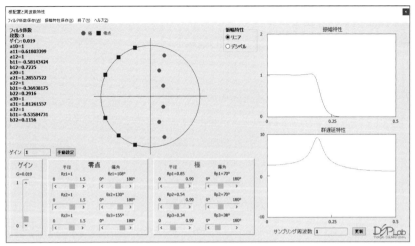

図 2.73 $R_{z1} = 1$, $\theta_{z1} = 108°$, $R_{z2} = 1$, $\theta_{z2} = 130°$, $R_{z3} = 1$, $\theta_{z3} = 155°$, $R_{p1} = 0.85$, $\theta_{p1} = 70°$, $R_{p2} = 0.54$, $\theta_{p2} = 70°$, $R_{p3} = 0.34$, $\theta_{p3} = 38°$, $G = 0.019$ の実行結果（リニア表示）

このままでは単位円上への零点配置による効果がわかりづらいため，図 2.74 のように振幅特性の横にあるラジオボタンで「デシベル」を選択すると，振幅特性がデシベル表示され，振幅特性が 0 の周波数では下に突き抜けるような特性になり，零点配置の効果がわかりやすくなります。

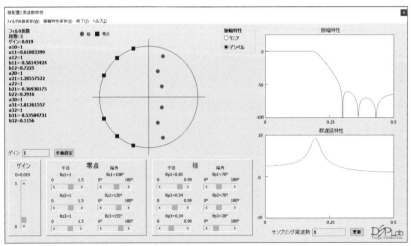

図 2.74 $R_{z1} = 1$, $\theta_{z1} = 108°$, $R_{z2} = 1$, $\theta_{z2} = 130°$, $R_{z3} = 1$, $\theta_{z3} = 155°$, $R_{p1} = 0.85$, $\theta_{p1} = 70°$, $R_{p2} = 0.54$, $\theta_{p2} = 70°$, $R_{p3} = 0.34$, $\theta_{p3} = 38°$, $G = 0.019$ の実行結果（デシベル表示）

遮断特性をさらに急峻にするために，図 2.75 のように $R_{z1} = 1$，$\theta_{z1} = 88°$，$R_{z2} = 1$，$\theta_{z2} = 101°$，$R_{z3} = 1$，$\theta_{z3} = 146°$，$R_{p1} = 0.94$，$\theta_{p1} = 71°$，$R_{p2} = 0.78$，$\theta_{p2} = 60°$，$R_{p3} = 0.57$，$\theta_{p3} = 31°$，$G = 0.021$ と設定してみます。この場合もキーポイントになるのが，$R_{p1} = 0.94$，$\theta_{p1} = 71°$ と，$R_{z1} = 1$，$\theta_{z1} = 88°$ の設定です。最大極半径をもつ極を単位円付近に配置すると，その付近の周波数に急激なピークが形成されます。ピークは急に値が大きくなるとともに，値の落ち方も急峻です。それを利用して，急に値が落ちる周波数付近に零点を配置し，ピーク値も下げて遮断特性を形成します。残りの極や零点は，主に信号が通過する帯域や信号を減衰する帯域がフラットになるように配置されます。

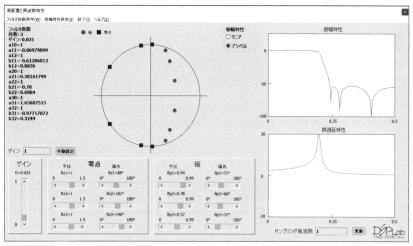

図 2.75 $R_{z1} = 1$，$\theta_{z1} = 88°$，$R_{z2} = 1$，$\theta_{z2} = 101°$，$R_{z3} = 1$，$\theta_{z3} = 146°$，$R_{p1} = 0.94$，$\theta_{p1} = 71°$，$R_{p2} = 0.78$，$\theta_{p2} = 60°$，$R_{p3} = 0.57$，$\theta_{p3} = 31°$，$G = 0.021$ の実行結果（デシベル表示）

図 2.74 と図 2.75 のいずれでも，遮断周波数付近で群遅延が急激に大きくなっています。これは極を単位円に近づけたため，単位円の中心付近にあるときと比べ，$e^{j\omega}$ が極付近を通過する際に $\angle(e^{j\omega} - R_{p1}e^{j\theta_{p1}})$ の変動が大きくなるからです。$R_{p1} = 0.85$ の図 2.74 と $R_{p1} = 0.94$ の図 2.75 の群遅延を比較しても明らかです。つまり，群遅延特性の過剰なピークは急峻な遮断特性実現の代償であるといえます。ただし，ディジタルフィルタを使用する場合，遮断部分の信号には関心がないため，これは問題とはなりません。極と零点をいろいろと配置してみて，極・零点配置が振幅特性，群遅延特性に与える効果について体験してください。かなり試行錯誤的ではありますが，この方法でディジタルフィルタが設計可能です。

2.8　ディジタルフィルタの回路構成

　ディジタルフィルタの回路構成は，その用途や特長によって複数の構成方法がありますが，本節では本書で想定する回路構成について解説します。

　FIR フィルタの入出力関係と伝達関数を再掲すると，次式となります。

$$y_n = \sum_{k=0}^{N} h_k x_{n-k} \tag{2.154}$$

$$H(z) = \frac{Y(z)}{X(z)} = \sum_{k=0}^{N} h_k z^{-k} \tag{2.155}$$

　(2.154) 式を回路実現しようとすると，入力信号を k サンプル遅延する遅延器，h_k と x_{n-k} の掛け算を行う乗算器，総和演算を行う加算器が必要です。ディジタルフィルタは，これらの3 つの要素のみで構成できます。図 2.76 に 3 つの構成要素の記号を示します。ここで，1 サンプル遅延は z 変換で z^{-1} を乗じることに対応するため，$\boxed{z^{-1}}$ で 1 サンプル遅延器を表しています。

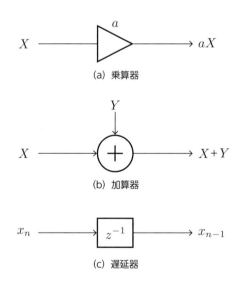

(a) 乗算器

(b) 加算器

(c) 遅延器

図 2.76　ディジタルフィルタ回路の構成要素：(a) 乗算器，(b) 加算器，(c) 遅延器

　図 2.77 に FIR フィルタの回路構成を示します。これを直接型構成といいます。(2.155) 式を展開すると

$$Y(z) = h_0 z^0 X(z) + h_1 z^{-1} X(z) + h_2 z^{-2} X(z) + \cdots + h_N z^{-N} X(z) \tag{2.156}$$

となり，1つ1つの項が図 2.77 の加算器に向かうパスに対応していることがわかります。

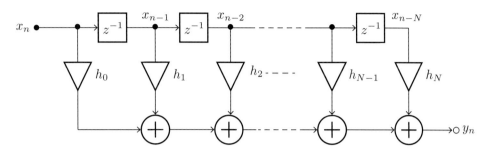

図 2.77 FIR フィルタの直接型構成

2 次 IIR フィルタの入出力関係と伝達関数を再掲すると，次式となります。

$$y_n = -b_1 y_{n-1} - b_2 y_{n-2} + G \cdot (x_n + a_1 x_{n-1} + a_2 x_{n-2}) \tag{2.157}$$

$$H(z) = \frac{Y(z)}{X(z)} = G \cdot \frac{1 + a_1 z^{-1} + a_2 z^{-2}}{1 + b_1 z^{-1} + b_2 z^{-2}} \tag{2.158}$$

図 2.78 に IIR フィルタの直接型構成を示します。この回路構成も (2.158) 式を展開した

$$Y(z) = -b_1 z^{-1} Y(z) - b_2 z^{-2} Y(z) + G \cdot \left\{ X(z) + a_1 z^{-1} X(z) + a_2 z^{-2} X(z) \right\} \tag{2.159}$$

の1つ1つの項が加算器に向かうパスに対応しています。

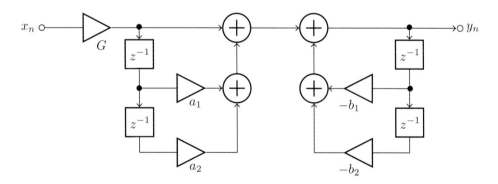

図 2.78 2 次 IIR フィルタの直接型構成

(2.158) 式を次式のように書き直します。

$$H(z) = \frac{Y(z)}{X(z)} = (G) \cdot (1 + a_1 z^{-1} + a_2 z^{-2}) \cdot \left(\frac{1}{1 + b_1 z^{-1} + b_2 z^{-2}} \right) \tag{2.160}$$

これはカッコで囲まれた 3 つの伝達関数の積と考えることができるため，順番を入れ替えても問題ありません。そこで，図 2.79 に示すように，順番を入れ替えます。この構成では，向かい合う遅延器への入力が同じ信号であるため，図 2.80 のように遅延器共有の転置型として利用できます。遅延器の正体はメモリであるため，これを半分に減らせることは魅力的です。2 次以上の IIR フィルタの場合は，2 次 IIR フィルタを縦続接続します。この場合，前段の出力信号が次段への入力信号となります。

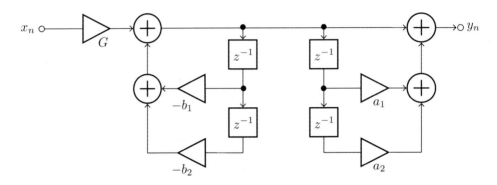

図 2.79　2 次 IIR フィルタの直接型構成の順番入れ替え

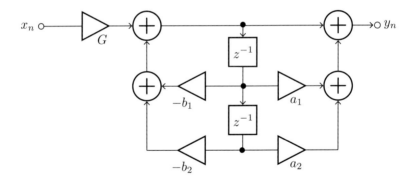

図 2.80　遅延器共有の 2 次 IIR フィルタの回路構成

2.9 ディジタルフィルタの設計目標特性

ディジタルフィルタを使用する主な目的の1つがノイズ除去です。本節ではノイズ除去を目的とした代表的な特性について解説します。

2.9.1 低域通過フィルタ

ノイズの周波数帯域が高周波帯域に集中している場合，低周波帯域のみが通過するディジタルフィルタを用います。そのようなフィルタを低域通過フィルタ（LowPass Filter：LPF）といいます。その際，周波数特性 $H_{LPF}(\omega)$ は次式で定義されます。

$$H_{LPF}(\omega) = \begin{cases} 1, & 0 \leq \omega < \omega_c \\ 0, & \omega_c < \omega \leq \pi \end{cases} \tag{2.161}$$

$H_{LPF}(\omega)$ を**理想低域通過フィルタ**（ideal lowpass filter）と呼び，ω_c を**カットオフ角周波数**，$f_c = \omega_c/2\pi$ を**カットオフ周波数**（cutoff frequency）といいます。図 2.81 に $H_{LPF}(\omega)$ を示します。$H_{LPF}(\omega)$ は実数値であるため，$\angle H_{LPF}(\omega) = 0$ です。

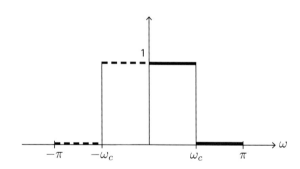

図 2.81 理想低域通過フィルタの周波数特性

$H_{LPF}(\omega)$ を逆離散時間フーリエ変換して，インパルス応答 $h_{LPF,n}$ を求めると，次式が得られます。

$$\begin{aligned} h_{LPF,n} &= \frac{1}{2\pi} \int_{-\pi}^{\pi} H_{LPF}(\omega) e^{j\omega n} d\omega \\ &= \frac{1}{2\pi} \int_{-\omega_c}^{\omega_c} e^{j\omega n} d\omega = \frac{1}{j2\pi n} \left[e^{j\omega n} \right]_{-\omega_c}^{\omega_c} \\ &= \frac{1}{j2\pi n} \left(e^{j\omega_c n} - e^{-j\omega_c n} \right) = \frac{2j \sin \omega_c n}{j2\pi n} \\ &= 2f_c \cdot \frac{\sin \omega_c n}{2\pi f_c n} = 2f_c \cdot \frac{\sin \omega_c n}{\omega_c n} \end{aligned} \tag{2.162}$$

ここで，オイラーの公式 $\sin \omega_c n = (e^{j\omega_c n} - e^{-j\omega_c n})/2j$ を用いました。(2.162) 式は

$$h_{LPF,n} = 2f_c \times \sin \omega_c n \times \frac{1}{\omega_c n} \tag{2.163}$$

と書き直すと，奇関数×奇関数であることがわかります。そのため，$h_{LPF,n}$ は偶関数であり，$n = 0$ を中心とした線対称な関数となります。$\sin \omega_c n$ は周期的な振動ですが，$1/\omega_c n$ は n の増加とともに，その絶対値は単調に減少します。したがって，$\sin \omega_c n / \omega_c n$ は $n = 0$ で最大値をとり，$|n|$ の増大に伴って振動しながら減少します。

$n = 0$ のときは，$h_{LPF,n} = 0/0$ となり，不定形となります。このときは，ロピタルの定理と呼ばれる便利な定理を利用すると，

$$\left. \frac{\sin x}{x} \right|_{x=0} = \lim_{x \to 0} \frac{(\sin x)'}{(x)'} = \lim_{x \to 0} \cos x = 1 \tag{2.164}$$

と求められるため，

$$h_{LPF,0} = 2f_c \tag{2.165}$$

となります。したがって，インパルス応答のみが与えられたときでも，最大値をチェックすれば f_c を知ることができます。(2.162) 式を**シンク関数** (sinc function) といいます。

収録ソフトウェアの第 2 章フォルダの「シンク関数.exe」を起動してください。図 2.82 のウィンドウが現れます。このソフトウェアでは，$n = -N/2, \cdots, 0, \cdots, N/2$ の長さ $N+1$ で打ち切ったシンク関数

$$h_n = 2f_c \cdot \frac{\sin \omega_c n}{\omega_c n}, \ \ n = -N/2, \cdots, 0, \cdots, N/2 \tag{2.166}$$

を表示するとともに，周波数特性 (振幅特性)$|H(\omega)|$ を次式で計算して表示します。

$$|H(\omega)| = \left| \sum_{n=-N/2}^{N/2} h_n e^{-jn\omega} \right| \tag{2.167}$$

なお，N が有限のため，理想低域通過フィルタとは一致しません。起動時は，$N = 50$，$f_c = 0.25$ と設定されています。ウィンドウ右上部に h_n が表示され，右下部に $|H(\omega)|$ が表示されます。h_n の横軸は n，$|H(\omega)|$ の横軸は正規化周波数です。h_n の表示より，$n = 0$ で最大値 $2f_c = 0.5$ をとり，$|n|$ の増加に伴い，振動しながら減少する様子が確認できます。

一方，$|H(\omega)|$ は理想低域通過フィルタの特性とは一致せず，波打った特性になります。これは，N を有限で打ち切ったことに加え，ギブス現象が生じたためです。ギブス現象は，理想低域通過フィルタのように $\omega = \omega_c$ で不連続点を含むような信号をフーリエ解析した場合に顕著に見られる現象です。フーリエ解析では連続関数である正弦波を用いて任意の波形を表しますが，連続関数をいくらもってきても不連続関数にはならないため，誤差が生じます。誤差が最も強く現れるのが，不連続点です。

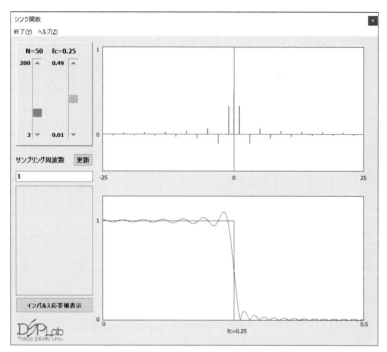

図 2.82 シンク関数.exe の起動ウィンドウ

図 2.83 のように，ウィンドウ左下の インパルス応答値表示 ボタンを押すと，その上の ListBox 内にインパルス応答値が表示されます。また，任意のサンプリング周波数に設定したい場合は，ウィンドウ左中ほどのサンプリング周波数欄に入力し，更新 ボタンを押すと $|H(\omega)|$ の横軸ならびに左上のスクロールバーの f_c の部分が更新されます。

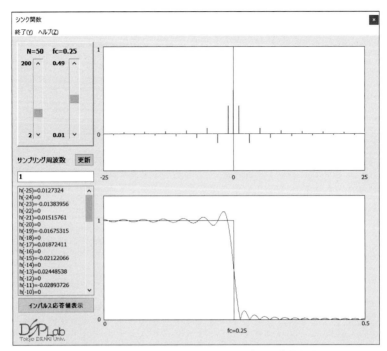

図 2.83 $N = 50$, $f_c = 0.25$ のインパルス応答値表示

図 2.84 のように，$N = 100$，$f_c = 0.25$ と設定すると，$|H(\omega)|$ の波状部分の誤差は小さくなりますが，$\omega = \omega_c$ 付近の誤差は小さくなりません。さらに N を上げて，誤差の様子を観察し，$\omega = \omega_c$ 付近の誤差が下がらないことを確認してください。

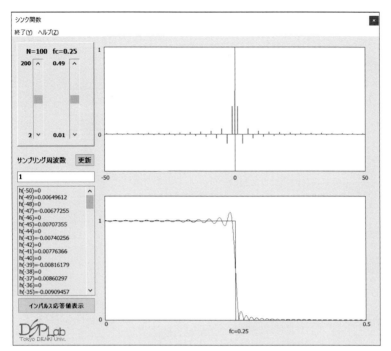

図 2.84 $N = 100,\ f_c = 0.25$ の実行結果

図 2.85 のように，$N = 50,\ f_c = 0.1$ と設定すると，最大値が $2f_c = 0.2$ となります。また，$\sin \omega_c n = \sin 2\pi f_c n$ における f_c が図 2.82 と比べ小さくなるため，h_n はゆっくり振動する様子が確認できます。逆に，図 2.86 のように，$N = 50,\ f_c = 0.4$ と設定すると，最大値が $2f_c = 0.8$ となり，振動も速くなっている様子が確認できます。

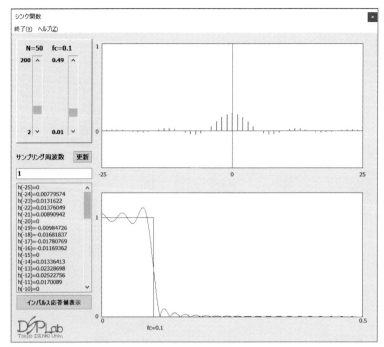

図 2.85 $N = 50$, $f_c = 0.1$ の実行結果

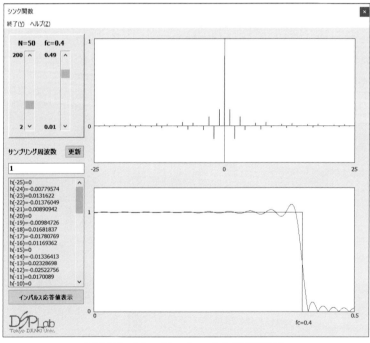

図 2.86 $N = 50$, $f_c = 0.4$ の実行結果

インパルス応答がディジタルフィルタの動作において，重要な役割を果たすことは言うまでもありません。このソフトウェアを利用して，インパルス応答値やインパルス応答の振動の速さと振幅特性の関係について，体験してください。

2.9.2 高域通過・帯域除去・帯域通過フィルタ

低域通過フィルタが設計できれば，それ以外の特性をもつフィルタも設計できるようになります。図 2.87 に，理想高域通過フィルタ，理想帯域除去フィルタ，理想帯域通過フィルタの周波数特性を示します。

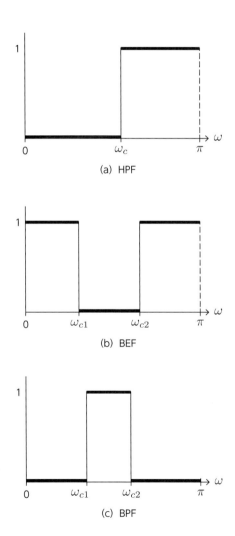

図 2.87 （a）理想高域通過フィルタ，（b）理想帯域除去フィルタ，（c）理想帯域通過フィルタの周波数特性

理想高域通過フィルタ（High Pass Filter：HPF）の周波数特性 $H_{HPF}(\omega)$ は次式で定義されます。

$$H_{HPF}(\omega) = \begin{cases} 0, & 0 \leq \omega < \omega_c \\ 1, & \omega_c < \omega \leq \pi \end{cases} \tag{2.168}$$

$H_{HPF}(\omega)$ はカットオフ角周波数 ω_c の $H_{LPF}^{\omega_c}(\omega)$ を用いて

$$H_{HPF}(\omega) = 1 - H_{LPF}^{\omega_c}(\omega) \tag{2.169}$$

と求めることができます。$x_n = \delta_n$ の離散フーリエ変換が

$$X(\omega) = \sum_{n=-\infty}^{\infty} \delta_n e^{-jn\omega} = 1 \tag{2.170}$$

となることを利用すれば，理想高域通過フィルタのインパルス応答 $h_{HPF,n}$ は

$$h_{HPF,n} = \delta_n - 2f_c \cdot \frac{\sin \omega_c n}{\omega_c n} \tag{2.171}$$

と求めることができます。

理想帯域除去フィルタ（Band Elimination Filter：BEF）の周波数特性 $H_{BEF}(\omega)$ は次式で定義されます。

$$H_{BEF}(\omega) = \begin{cases} 1, & 0 \leq \omega < \omega_{c_1} \\ 0, & \omega_{c_1} < \omega < \omega_{c_2} \\ 1, & \omega_{c_2} < \omega \leq \pi \end{cases} \tag{2.172}$$

ここで，$\omega_{c_1} < \omega_{c_2}$ はカットオフ角周波数を表します。$H_{BEF}(\omega)$ はカットオフ角周波数 ω_{c_1} の $H_{LPF}^{\omega_{c_1}}(\omega)$ とカットオフ角周波数 ω_{c_2} の $H_{HPF}^{\omega_{c_2}}(\omega)$ を用いて

$$H_{BEF}(\omega) = H_{LPF}^{\omega_{c_1}}(\omega) + H_{HPF}^{\omega_{c_2}}(\omega) \tag{2.173}$$

と求めることができます。理想帯域除去フィルタのインパルス応答 $h_{BEF,n}$ は

$$h_{BEF,n} = 2f_{c_1} \cdot \frac{\sin \omega_{c_1} n}{\omega_{c_1} n} + \delta_n - 2f_{c_2} \cdot \frac{\sin \omega_{c_2} n}{\omega_{c_2} n} \tag{2.174}$$

と求めることができます。

理想帯域通過フィルタ（Band Pass Filter：BPF）の周波数特性 $H_{BPF}(\omega)$ は次式で定義されます。

$$H_{BPF}(\omega) = \begin{cases} 0, & 0 \leq \omega < \omega_{c_1} \\ 1, & \omega_{c_1} < \omega < \omega_{c_2} \\ 0, & \omega_{c_2} < \omega \leq \pi \end{cases} \tag{2.175}$$

$H_{BPF}(\omega)$ はカットオフ角周波数 ω_{c_1}，ω_{c_2}（$\omega_{c_1} < \omega_{c_2}$）の $H_{BEF}^{\omega_{c_1},\omega_{c_2}}(\omega)$ を用いて

$$H_{BPF}(\omega) = 1 - H_{BEF}^{\omega_{c_1}, \omega_{c_2}}(\omega) \tag{2.176}$$

と求めることができます。理想帯域通過フィルタのインパルス応答 $h_{BPF,n}$ は

$$h_{BPF,n} = -2f_{c_1} \cdot \frac{\sin \omega_{c_1} n}{\omega_{c_1} n} + 2f_{c_2} \cdot \frac{\sin \omega_{c_2} n}{\omega_{c_2} n} \tag{2.177}$$

と求めることができます。これは,

$$H_{BPF}(\omega) = H_{LPF}^{\omega_{c_2}}(\omega) - H_{LPF}^{\omega_{c_1}}(\omega) \tag{2.178}$$

からも導けます。

このように,低域通過フィルタが設計できれば,他の特性も導出できます。そのため,ディジタルフィルタの設計では低域通過フィルタの設計のみ考えます。

コラム1　部分分数分解をトレーニングしよう！

　ディジタルフィルタの伝達関数 $H(z)$ からインパルス応答 h_n を求める際に，$H(z)$ の部分分数分解が必要となります。$H(z)$ が次式のように分母多項式のみ 2 次多項式で表されている場合を考えます。

$$H(z) = \frac{1}{1 + cz^{-1} + dz^{-2}}$$

　$H(z)$ を次式のように因数分解，部分分数分解します。

$$H(z) = \frac{1}{(1 - az^{-1}) \cdot (1 - bz^{-1})} = \frac{A}{1 - az^{-1}} + \frac{B}{1 - bz^{-1}}$$

ここで，

$$A = \left. \frac{1}{1 - bz^{-1}} \right|_{z=a} , \quad B = \left. \frac{1}{1 - az^{-1}} \right|_{z=b}$$

で求められます。この計算は慣れが必要です。収録ソフトウェアの第 2 章フォルダ内の「部分分数分解クイズ.exe」を起動してください。図 C1.1 のウィンドウが現れます。

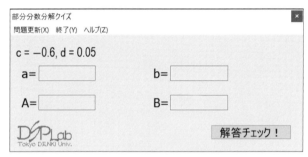

図 C1.1　部分分数分解クイズの起動ウィンドウ

　このソフトウェアは，与えられた c, d に対して，a, b, A, B を求めるクイズです。A, B が実数になる場合は，**小数点以下 4 桁目を四捨五入して小数点以下 3 桁目**まで入力してください。全て正解すると，図 C1.2 のように「○：正解！」と表示されます。

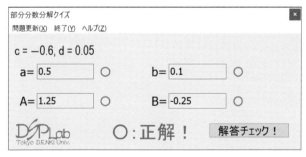

図 C1.2　正解時の表示

　このソフトウェアを利用して，部分分数分解をトレーニングしましょう。

Chapter 3

IIRフィルタを設計しよう

本章では，IIR フィルタの設計法についてソフトウェアを用いて体験します。本書で扱う IIR フィルタ設計法では，設計したいディジタルフィルタと同等の特性をもつアナログフィルタの伝達関数を，連続時間領域から離散時間領域に変換します。

3.1　IIR フィルタの実行

本書では，次式のような 2 次フィルタの縦続接続の構造を想定しています。

$$H(z) = G \cdot \prod_{i=1}^{L} \frac{1 + a_{i1}z^{-1} + a_{i2}z^{-2}}{1 + b_{i1}z^{-1} + b_{i2}z^{-2}} \tag{3.1}$$

そのため，IIR フィルタの設計ソフトウェアでは，設計が完了すると次のような各段のフィルタ係数が記録されたテキストファイル（txt ファイル）を生成します。

L：2 次 IIR フィルタの段数
G の値
1
a_{11} の値
a_{12} の値
b_{11} の値
b_{12} の値
$\vdots$
$\vdots$
1
a_{L1} の値
a_{L2} の値
b_{L1} の値
b_{L2} の値

　本書で紹介する IIR フィルタ設計ソフトウェアでは，設計したフィルタの周波数特性がウィンドウ上に表示できるように配置していますので，設計特性を周波数軸上で直ちに確認できます。一方時間軸上での動作確認には，IIR フィルタに信号を入力する必要があります。
　収録ソフトウェアの第 3 章フォルダの「IIR フィルタ.exe」を起動してください。図 3.1 のウィンドウが現れます。このソフトウェアは，音声信号を入力とし，IIR フィルタ処理を行います。

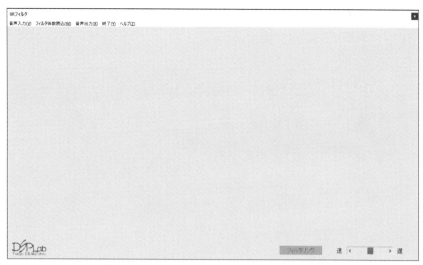

図 3.1 IIR フィルタ.exe の起動ウィンドウ

まず，メニューバーの「音声入力」→「WAV ファイル入力」を選択して，例としてデータフォルダ内の「ノイズ付加音声.wav」を選択して読み込むと，図 3.2 のように入力信号波形が表示されます。

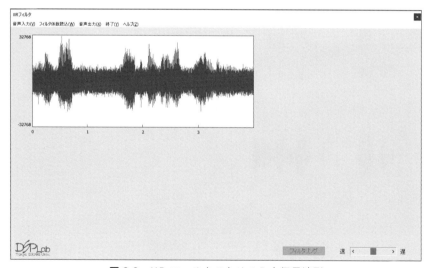

図 3.2 IIR フィルタのための入力信号波形

次に，メニューバーの「フィルタ係数読込」を選択して，音声サンプルフォルダ内の「IIR フィルタの係数.txt」を選択すると，図 3.3 下側に示すようにフィルタ係数が読み込まれます。これで準備が整ったので，[フィルタリング] ボタンを押すと，図 3.4 のように IIR フィルタ処理が開始されます。このソフトウェアでは，ウィンドウ右側上部に入力信号の周波数スペクトル，

右側下部に出力信号の周波数スペクトルが表示されます。画面表示速度は，ウィンドウ右下のスクロールバーで調整できます。

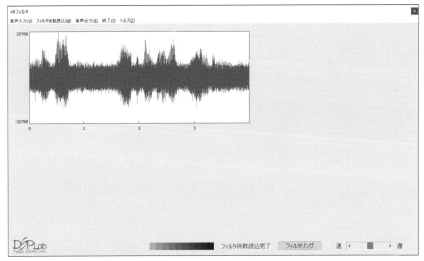

図 3.3　IIR フィルタ係数の読み込み

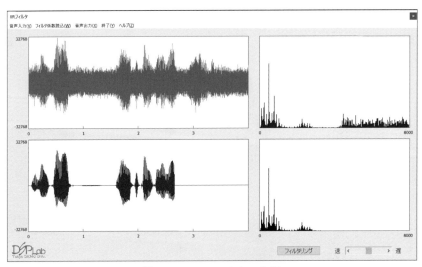

図 3.4　IIR フィルタの実行

　信号波形と周波数スペクトルを見ながら，IIR フィルタ処理の効果を体験してください。さらに今後，自分で設計する IIR フィルタの効果の確認にも本ソフトウェアを有効活用してください。

　このソフトウェアにも音声の録音・再生機能を実装していますので，自分の声で IIR フィルタリングの効果を体験してください。

3.2 アナログフィルタに基づく IIR フィルタの設計の考え方

　図 3.5 に示す RC 回路について考えてみましょう。入力電圧を $x(t)$，電流を $i(t)$ と表記します。C の両端の電圧を出力電圧 $y(t)$ とすると，C に蓄えられる電荷は $Cy(t)$ であるため，$i(t)$ は

$$i(t) = C\frac{dy(t)}{dt} \tag{3.2}$$

と求められます。R の電圧降下は $Ri(t)$ であるため

$$Ri(t) = CR\frac{dy(t)}{dt} \tag{3.3}$$

と求められます。これらを用いて，この回路にキルヒホッフの電圧則を当てはめると，次式となります。

$$x(t) - CR\frac{dy(t)}{dt} - y(t) = 0 \tag{3.4}$$

これを変形すると，この回路の入出力関係として

$$y(t) = -CR\frac{dy(t)}{dt} + x(t) \tag{3.5}$$

が導かれます。(3.5) 式右辺第 1 項の微分では，時刻 t より未来の電圧を使うことはできないので，微小な時間 dt だけ過去からの変動分を表しています。したがって，(3.5) 式は時刻 t の出力電圧が現在の入力電圧と過去の出力電圧で決まっていることを表しています。この関係は，次式の IIR フィルタの入出力関係と同等であることがわかります（2.4 節，(2.48) 式を参照）。

$$y_n = -\sum_{k=1}^{M} b_k y_{n-k} + \sum_{k=0}^{N} a_k x_{n-k}$$

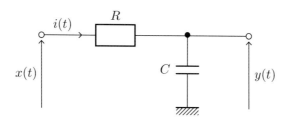

図 3.5 RC 低域通過フィルタ

(3.5) 式をフェーザ表示すると，

$$Y(j\omega) = -j\omega CRY(j\omega) + X(j\omega) \tag{3.6}$$

となり，周波数特性 $H(j\omega) = Y(j\omega)/X(j\omega)$ は

$$H(j\omega) = \frac{1}{1 + j\omega CR} \tag{3.7}$$

となります。$H(j\omega)$ の大きさである振幅特性は

$$|H(j\omega)| = \frac{1}{\sqrt{1 + (\omega CR)^2}} \tag{3.8}$$

と求められます。$|H(j\omega)|$ は $\omega = 0$ のとき $|H(j\omega)| = 1$（0[dB]），$\omega = 1/CR$ のとき $|H(j\omega)| = 1/\sqrt{2}$（−3[dB]）となり，$\omega$ の増加とともに減少する低域通過特性となります。(3.7) 式において $s = j\omega$ とおくと，伝達関数 $H(s)$ が次式で求められます。

$$H(s) = \frac{1}{1 + sCR} = \frac{1}{CR} \cdot \frac{1}{s + \dfrac{1}{CR}} \tag{3.9}$$

これを逆ラプラス変換すると，このフィルタのインパルス応答 $h(t)$ は

$$h(t) = \frac{1}{CR} \cdot e^{-\frac{1}{CR}t} \cdot u(t) \tag{3.10}$$

と求められます。ここで，$u(t)$ は連続時間のステップ信号です。

　IIR フィルタをアナログフィルタの離散時間バージョンと考えれば，IIR フィルタの設計は，すでに確立されているアナログフィルタの設計法を利用して設計したアナログフィルタを離散時間システムに変換すればよいといえます。その際に，インパルス応答を変換する手法，伝達関数を変換する手法が考えられます。本書で紹介する手法のうち，**インパルス不変変換法**はインパルス応答を変換する手法，**双一次 z 変換法**は伝達関数を変換する手法に相当します。

3.3 インパルス不変変換法

インパルス不変変換法は，IIR フィルタのインパルス応答 h_n を求めるために，アナログフィルタのインパルス応答 $h(t)$ をサンプリングします。

3.3.1 インパルス不変変換法の原理

本書では IIR フィルタを 2 次伝達関数の縦続接続構造で考えますので，2 次の伝達関数をもつアナログフィルタを考えます。アナログフィルタの伝達関数 $H^a(s)$ を

$$H^a(s) = \frac{A}{s^2 + c_1 s + c_2} \tag{3.11}$$

と表記することにします。なお，ここで扱う $H^a(s)$ は一般的なアナログフィルタの設計法がそうであるように，アナログ角周波数はカットオフ角周波数 ω_c で正規化されているとします。

$H^a(s)$ の分母多項式を因数分解すると，$H^a(s)$ の極 p_1, p_2 が次式で求まります。

$$p_1, p_2 = \frac{-c_1 \pm j\sqrt{4c_2 - c_1^2}}{2} \tag{3.12}$$

ここで，

$$\alpha = -\frac{c_1}{2} \tag{3.13}$$

$$\beta = \frac{\sqrt{4c_2 - c_1^2}}{2} \tag{3.14}$$

とおき，

$$p_1, p_2 = \alpha \pm j\beta \tag{3.15}$$

と書きます。これを用いて，$H^a(s)$ は

$$H^a(s) = \frac{A}{(s - \alpha - j\beta)(s - \alpha + j\beta)} \tag{3.16}$$

となり，次のように部分分数分解します。

$$H^a(s) = \frac{H_1}{s - \alpha - j\beta} + \frac{H_2}{s - \alpha + j\beta} \tag{3.17}$$

H_1，H_2 は次式となります。

$$H_1 = H^a(s)(s - \alpha - j\beta)|_{s=\alpha+j\beta} = \frac{A}{2j\beta} \tag{3.18}$$

$$H_2 = H^a(s)(s - \alpha + j\beta)|_{s=\alpha-j\beta} = -\frac{A}{2j\beta} \tag{3.19}$$

H_1，H_2 を (3.17) 式に代入すると

$$H^a(s) = \frac{A}{2j\beta} \left(\frac{1}{s - \alpha - j\beta} - \frac{1}{s - \alpha + j\beta} \right) \tag{3.20}$$

となります。$H^a(s)$ を逆ラプラス変換して，アナログフィルタのインパルス応答 $h^a(t)$ を求めると，

$$h^a(t) = \frac{A}{2j\beta} \left\{ e^{(\alpha+j\beta)t} - e^{(\alpha-j\beta)t} \right\} u(t) \tag{3.21}$$

が得られます。IIR フィルタのインパルス応答 h_n を求めるために，$h^a(t)$ をサンプリングします。サンプリングには，サンプリング周波数の設定が必要ですが，ディジタルフィルタではサンプリング周波数を $f_s = 1$ に正規化していますので，$t \rightarrow n$ の置き換えで可能です。したがって，IIR フィルタのインパルス応答 h_n は

$$h_n = \frac{A}{2j\beta} \left\{ e^{(\alpha+j\beta)n} - e^{(\alpha-j\beta)n} \right\} u(n) \tag{3.22}$$

と求められます。これを変形すると，

$$h_n = \frac{A}{\beta} \cdot e^{\alpha n} \cdot \frac{1}{j2} \left(e^{j\beta n} - e^{-j\beta n} \right) u(n) \tag{3.23}$$

$$= \frac{A}{\beta} \cdot e^{\alpha n} \cdot \sin \beta n \cdot u(n) \tag{3.24}$$

となり，$n = 0$ で $h_n = 0$ であり，正弦波信号を指数信号で変調した信号であることがわかります。

h_n は求められましたが，回路実装するためにはフィルタ係数が必要です。そこで，(3.22) 式を z 変換して伝達関数 $H(z)$ を求めると，次式となります。

$$H(z) = \frac{A}{2j\beta} \left(\frac{1}{1 - e^{\alpha+j\beta}z^{-1}} - \frac{1}{1 - e^{\alpha-j\beta}z^{-1}} \right) \tag{3.25}$$

$$= \frac{A}{2j\beta} \cdot \frac{e^{\alpha}(e^{j\beta} - e^{-j\beta})z^{-1}}{1 - e^{\alpha}(e^{j\beta} + e^{-j\beta})z^{-1} + e^{2\alpha}z^{-2}} \tag{3.26}$$

$$= \frac{A}{2j\beta} \cdot \frac{e^{\alpha} \cdot (2j\sin\beta) \cdot z^{-1}}{1 - e^{\alpha} \cdot (2\cos\beta) \cdot z^{-1} + e^{2\alpha}z^{-2}} \tag{3.27}$$

$$= \frac{(A \cdot e^{\alpha}/\beta) \cdot \sin\beta \cdot z^{-1}}{1 - e^{\alpha} \cdot (2\cos\beta) \cdot z^{-1} + e^{2\alpha}z^{-2}} \tag{3.28}$$

これより，インパルス不変変換法で設計した 2 次 IIR フィルタ回路は図 3.6 のように構成されます。

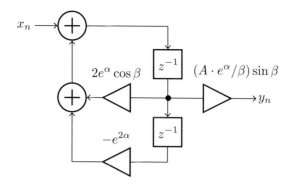

図 3.6 インパルス不変変換法で設計した 2 次 IIR フィルタ回路

3.3.2 インパルス不変変換法による IIR フィルタの設計

収録ソフトウェアの第 3 章フォルダの「インパルス不変変換法.exe」を起動してください。図 3.7 のウィンドウが現れます。このソフトウェアはインパルス不変変換法を用いて 2 次 IIR フィルタを設計し，その振幅特性，群遅延特性，インパルス応答，設計フィルタの極配置を出力します。

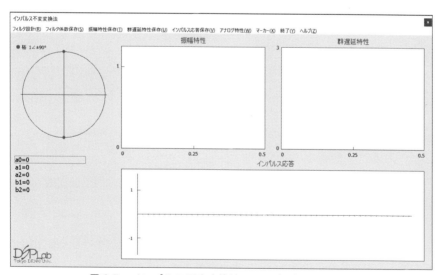

図 3.7 インパルス不変変換法.exe の起動ウィンドウ

アナログフィルタの伝達関数 $H^a(s)$ として，次式のバタワースフィルタを考えます。

$$H^a(s) = \frac{1}{s^2 + \sqrt{2}s + 1} \tag{3.29}$$

$H^a(s)$ はカットオフ角周波数 $\omega_c = 1$ で $|H^a(\omega_c)| = 1/\sqrt{2}$ （-3[dB]）となります。回路パラ

メータは $A = 1$, $c_1 = \sqrt{2}$, $c_2 = 1$ です。IIR フィルタを設計するために, メニューバーから「フィルタ設計」を選択すると, 図 3.8 のウィンドウが現れます。A, c_1, c_2 に値を入力し, 設計 ボタンを押すと, 図 3.9 に示すような振幅特性, 群遅延特性, インパルス応答, 極配置, フィルタ係数が表示されます。

図 3.8 回路パラメータ入力ウィンドウ

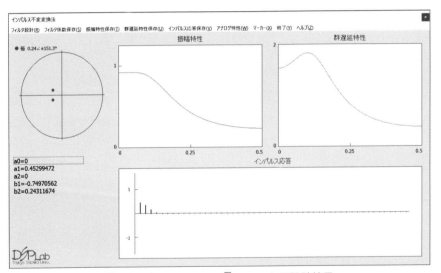

図 3.9 $A = 1$, $c_1 = \sqrt{2}$, $c_2 = 1$ の設計結果

設計完了後, メニューバーの「アナログ特性」から「表示」を選択すると, 図 3.10 のように $H^a(s)$ から求めた振幅特性が設計特性に上書きされます。また, メニューバーの「マーカー」から「カットオフ周波数」を選択すると, 図 3.11 のように, カットオフ周波数の周波数にマーカーが表示されます。同様に, 「3[dB] 減衰」を選択すると図 3.12 のように $-3[dB]$ の位置にマーカーが表示されます。インパルス不変変換法では, 元のアナログフィルタの特性におけるカットオフ周波数で 3[dB] 減衰することを維持したまま変換していることが確認できます。

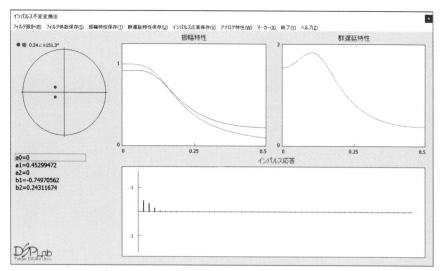

図 3.10 アナログ特性の表示

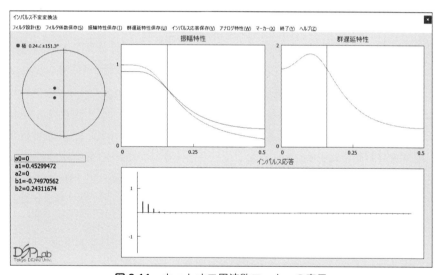

図 3.11 カットオフ周波数マーカーの表示

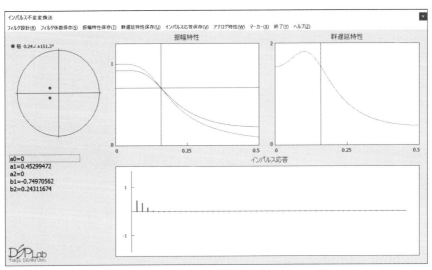

図 3.12 3 [dB] 減衰マーカーの表示

　一方，図 3.10 の結果を見てわかるように，カットオフ周波数以外ではインパルス不変変換法で設計した IIR フィルタの振幅特性とアナログフィルタの振幅特性は異なります。もともと，アナログフィルタの特性は $\omega : [-\infty, \infty]$ の範囲で周波数成分をもちます。サンプリング定理に従うと，アナログフィルタの特性を忠実に再現するためには無限大のサンプリング周波数が必要となります。これは極めて自然な結論です。しかし，インパルス不変変換法では $f_s = 1$ と設定しているため，サンプリング定理を満たしません。したがって，2.1.3 項で紹介したエイリアシング成分が発生します。エイリアシングでは，サンプリング周波数の半分より大きい周波数成分が存在する場合，正の周波数領域に負の周波数成分が漏れてきます。したがって，周波数特性も変形します。インパルス不変変換法を用いる場合は，エイリアシング歪みが伴うことに注意が必要です。

　$H^a(s)$ のカットオフ周波数は $\omega_c = 1$ で設計されています。IIR フィルタを設計する場合，任意のカットオフ周波数に設定できる必要があります。このソフトウェアでは，図 3.13 に示す回路パラメータ入力ウィンドウの f_c に設定したいカットオフ周波数を入力して設計できます。f_c が 0 の場合は，$\omega_c = 1$ をそのまま採用します。f_c を 0 以外の値に設定すると，変換前のアナログフィルタの伝達関数の周波数特性 $H^a(\omega)$ に対して

$$H^a(\omega) \to H^a \left(\frac{\omega}{2\pi f_c} \right) \tag{3.30}$$

の置き換えをします。

図 3.13 $f_c = 0.08$ の設定

　例えば，図 3.13 のように $f_c = 0.08$ と設定すると，変換前のアナログフィルタの通過域が狭く設計され，図 3.14 の設計結果が得られます。このように，変換前のフィルタの通過域が狭い場合は，$\omega = \pi\,(f = 0.5)$ 付近の振幅特性値が小さいため，エイリアシングの影響が小さく，うまく変換できます。一方，図 3.15 のように，$f_c = 0.35$ と設定すると，変換前のアナログフィルタの通過域が広く設計され，図 3.16 のように，エイリアシングの影響を大きく受けて，もはや低域通過特性とはいえない特性に変換されます。したがって，インパルス不変変換法は広い通過域特性には不向きといえます。

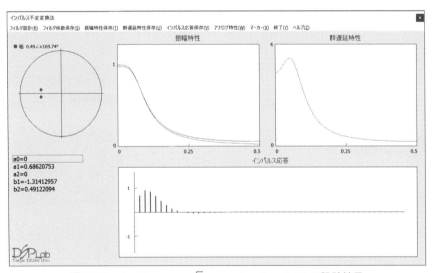

図 3.14 $A = 1$, $c_1 = \sqrt{2}$, $c_2 = 1$, $f_c = 0.08$ の設計結果

図 3.15 $f_c = 0.35$ の設定

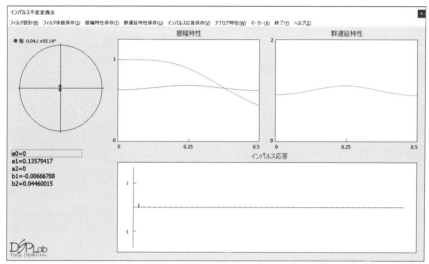

図 3.16 $A = 1,\ c_1 = \sqrt{2},\ c_2 = 1,\ f_c = 0.35$ の設計結果

3.4 双一次 z 変換法

インパルス不変変換法では，エイリアシングのために周波数特性に歪みが生じました。これは無限大の帯域をもつアナログ系の周波数を，有限幅の帯域に制限されているディジタル系の周波数に "そのまま" 対応づけたためです。そこで，アプローチを変えて，アナログ系の無限の帯域を "曲げて" ディジタル系の有限の帯域に対応づけるのが，**双一次 z 変換法**です。

3.4.1 双一次 z 変換法の原理

双一次 z 変換では，アナログ系の一般化周波数 s と z を次式で対応づけます。

$$s = 2 \cdot \frac{1 - z^{-1}}{1 + z^{-1}} \tag{3.31}$$

アナログ系の角周波数を ω_a，ディジタル系の角周波数を ω_d と表記します。$s = j\omega_a$，$z = e^{j\omega_d}$ とおき，(3.31) 式に代入すると次式が得られます。

$$j\omega_a = 2 \cdot \frac{1 - e^{-j\omega_d}}{1 + e^{-j\omega_d}} \tag{3.32}$$

$$= 2 \cdot \frac{e^{-j\omega_d/2}(e^{j\omega_d/2} - e^{-j\omega_d/2})}{e^{-j\omega_d/2}(e^{j\omega_d/2} + e^{-j\omega_d/2})} \tag{3.33}$$

$$= 2 \cdot \frac{2j \sin \omega_d/2}{2 \cos \omega_d/2} \tag{3.34}$$

$$= j2 \tan \frac{\omega_d}{2} \tag{3.35}$$

これより，

$$\omega_a = 2 \tan \frac{\omega_d}{2} \tag{3.36}$$

の対応関係が得られました。(3.36) 式に $\omega_d : [-\pi, \pi]$ を与えると，$\omega_a : [-\infty, \infty]$ となり，目的が達成できたことがわかります。三角関数の性質より，$|x| \ll 1$ のとき

$$\tan x \approx x \tag{3.37}$$

が成立します。(3.36) 式で考えると，$|\omega_d| \ll 1$ のとき，

$$\omega_a \approx 2 \times \frac{\omega_d}{2} = \omega_d \tag{3.38}$$

となります。低域通過フィルタの場合，$\omega_a = 1$ にカットオフ周波数を設定しているため，$\omega_a \ll 1$ は信号が通過する周波数帯域に相当します。したがって，双一次 z 変換を用いた場合，信号が通過する周波数帯域ではアナログ系の周波数とディジタル系の周波数が一致し，周波数特性もそのまま維持されます。

双一次 z 変換で IIR フィルタを設計するには，アナログフィルタの伝達関数 $H^a(s)$ に (3.31)

式を代入して $H(z)$ を求めます。例えば，3.3 節の例題

$$H^a(s) = \frac{1}{s^2 + \sqrt{2}s + 1} \tag{3.39}$$

を考えてみます。(3.31) 式を代入すると，

$$H(z) = \frac{1}{4 \cdot \dfrac{(1 - z^{-1})^2}{(1 + z^{-1})^2} + 2\sqrt{2} \cdot \dfrac{1 - z^{-1}}{1 + z^{-1}} + 1} \tag{3.40}$$

$$= \frac{(1 + z^{-1})^2}{4(1 - z^{-1})^2 + 2\sqrt{2}(1 - z^{-1})(1 + z^{-1}) + (1 + z^{-1})^2} \tag{3.41}$$

$$= \frac{1 + 2z^{-1} + z^{-2}}{5 + 2\sqrt{2} - 6z^{-1} + (5 - 2\sqrt{2})z^{-2}} \tag{3.42}$$

が求められます。伝達関数としてはこれで十分ですが，実装を考慮すると $H(z)$ の分母の定数項は現在の出力 (y_n) の係数に対応するため，1 となる必要があります。そのため，分母分子を $5 + 2\sqrt{2}$ で割って

$$H(z) = \frac{0.12774(1 + 2z^{-1} + z^{-2})}{1 - 0.76644z^{-1} + 0.27740z^{-2}} \tag{3.43}$$

が求める伝達関数となります。

3.4.2　双一次 z 変換法による IIR フィルタの設計

　収録ソフトウェアの第 3 章フォルダの「双一次 z 変換法.exe」を起動してください。図 3.17 のウィンドウが現れます。このソフトウェアは双一次 z 変換法を用いて 2 次 IIR フィルタを設計し，その振幅特性，群遅延特性，インパルス応答，設計フィルタの極配置を出力します。

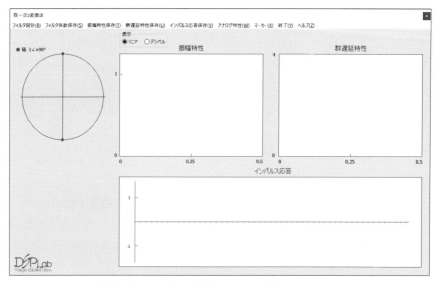

図 3.17　双一次 z 変換法.exe の起動ウィンドウ

基本的な動作は 3.3 節のインパルス不変変換法.exe と同様です。メニューバーから「フィルタ設計」を選択すると，図 3.18 のウィンドウが現れます。A, c_1, c_2 に値を入力し，設計ボタンを押すと，図 3.19 に示すような振幅特性，群遅延特性，インパルス応答，極配置，フィルタ係数が表示されます。

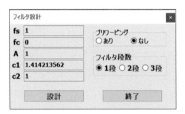

図 3.18　回路パラメータ入力ウィンドウ

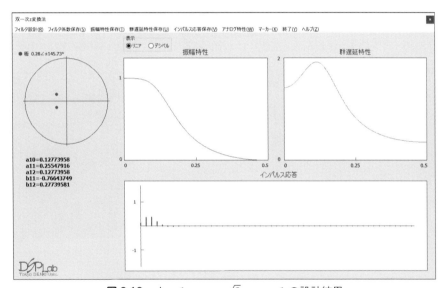

図 3.19　$A = 1$, $c_1 = \sqrt{2}$, $c_2 = 1$ の設計結果

　このソフトウェアでも，図 3.20 のようにアナログ特性の表示，カットオフ周波数マーカー，3[dB] 減衰マーカーの使用が可能です。また，図 3.21 のように振幅特性の上のラジオボタンで「デシベル」を選択すると，振幅特性がデシベル表示されます。図 3.20，図 3.21 より，双一次 z 変換法による設計結果がカットオフ周波数で $-3[\mathrm{dB}]$ にならないことがわかります。これは双一次 z 変換が $|\omega_d| \ll 1$ でのみアナログ周波数とディジタル周波数が一致するため，当然の結果です。カットオフ周波数で $-3[\mathrm{dB}]$ は，元のアナログ特性 $H^a(s)$

$$H^a(s) = \frac{1}{s^2 + \sqrt{2}s + 1}$$

の大きな特徴ですので，その点は維持したいという要求もあると思います。

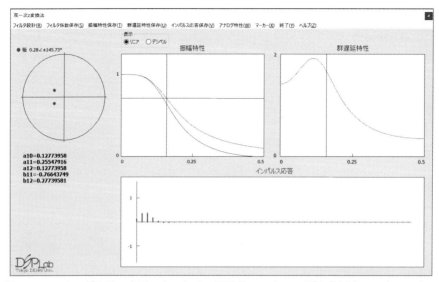

図 3.20 アナログ特性の表示，カットオフ周波数マーカー，3[dB] 減衰マーカーの表示

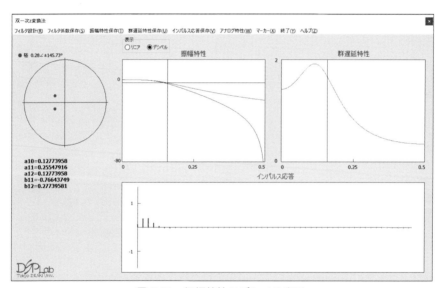

図 3.21 振幅特性のデシベル表示

　双一次 z 変換法は，$\omega_a : [-\infty, \infty]$ を曲げながらぎゅーっと $\omega_d : [-\pi, \pi]$ に押し込んでいますので，元のアナログ特性と比べてスリムな特性になるのは容易に想像できます。したがって，$H^a(s)$ のカットオフ周波数の特性と，双一次 z 変換法で設計した IIR フィルタの特性を一致させるためには，変換前のアナログ特性をもっと太らせておけばよいといえます。そのために，アナログフィルタのカットオフ周波数を (3.36) 式より，

$$\omega_a' = 2\tan\frac{1}{2} \approx 1.0926 > 1 \tag{3.44}$$

とちょっと太らせて設計します。これは，アナログ周波数を膨らませることに相当しますので，$H^a(s)$ において

$$s \rightarrow \frac{s}{\omega'_a} \tag{3.45}$$

の置き換えに該当します。この操作を**プリワーピング**といいます。図 3.22 のようにプリワーピングを選択して設計すると，図 3.23 のように $\omega_d = 1$ で $-3[\mathrm{dB}]$ となる設計結果を得ることができます。

図 3.22 プリワーピングの設定：$A = 1,\ c_1 = \sqrt{2},\ c_2 = 1$

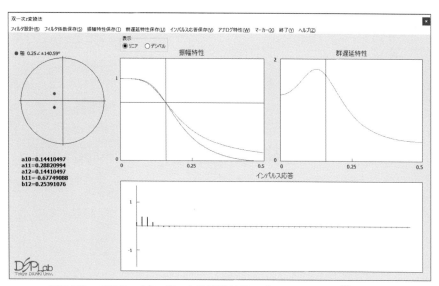

図 3.23 プリワーピングによる設計結果：$A = 1,\ c_1 = \sqrt{2},\ c_2 = 1$

2.7.5 項で紹介したとおり，2 次 IIR フィルタを縦続接続すると，鋭い減衰特性が得られます。本ソフトウェアでは，設計対象は 1 つの 2 次 IIR フィルタですが，同じフィルタを 2 段接続，3 段接続した場合の結果も表示できます。図 3.24 のように，回路パラメータ設定ウィンドウのフィルタ段数で 2 を選択し，設計を行うと，図 3.25 の結果が表示されます。同様に，図 3.26 のように段数を 3 に設定し，設計を行うと，図 3.27 の結果が表示されます。このソフトウェアは，同じ 2 次 IIR フィルタを縦続接続しているだけですので，$\omega_d = 1$ の値は

$-3[\mathrm{dB}] \times$ 段数 となることに注意してください。

図 3.24 フィルタ段数 2 の設定：$A = 1, \ c_1 = \sqrt{2}, \ c_2 = 1$

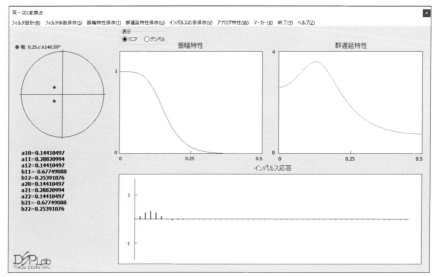

図 3.25 2 段縦続接続の設計結果：$A = 1, \ c_1 = \sqrt{2}, \ c_2 = 1$

図 3.26　フィルタ段数 3 の設定：$A = 1$, $c_1 = \sqrt{2}$, $c_2 = 1$

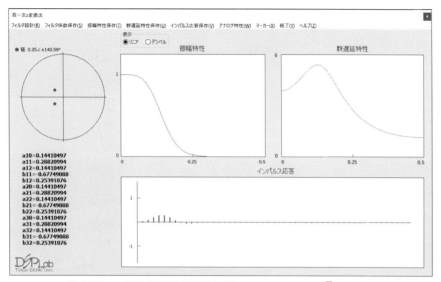

図 3.27　3 段縦続接続の設計結果：$A = 1$, $c_1 = \sqrt{2}$, $c_2 = 1$

　インパルス不変変換法では，アナログ周波数をそのままディジタル周波数に対応づけるため，3.3.2 項の図 3.16 でも見たように，f_c の値を大きく設定するとフィルタとしての特性が保てませんでした。一方，双一次 z 変換法では，サンプリング定理を満たすように $f = 0.5$ の周波数特性を強制的に 0 にします。そのため，f_c が大きい場合でも，ある程度の低域通過特性が担保されます。試しに，図 3.28 のように回路パラメータ設定ウィンドウで f_c を 0.35 に設定し，設計を行うと図 3.29 の設計結果が表示されます。双一次 z 変換法も $\omega = \pi$ で強制的に 0 に落とすため，通過域の広い特性の変換には不向きといえますが，図 3.16 の結果と比較すると双一次 z 変換法が有利といえます。

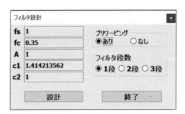

図 3.28 $f_c = 0.35$ の設定：$A = 1,\ c_1 = \sqrt{2},\ c_2 = 1$

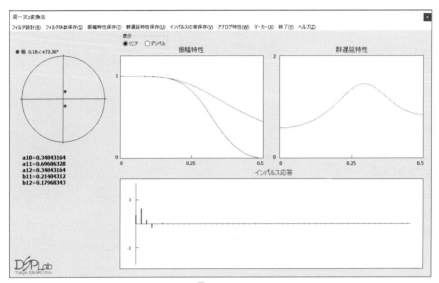

図 3.29 $A = 1,\ c_1 = \sqrt{2},\ c_2 = 1,\ f_c = 0.35$ の設計結果

　変換前アナログ特性として，通過域に波状特性を有するチェビシェフフィルタが用いられる場合もあります。2 次のチェビシェフ特性の一例として次式の $H^a(s)$ を考えます。

$$H^a(s) = \frac{1}{s^2 + 1.11178594s + 1.11803399} \tag{3.46}$$

図 3.30 に回路パラメータの設定，図 3.31 に設計結果を示します。なお，チェビシェフフィルタはもともと $\omega_c = 1$ で $-3[\mathrm{dB}]$ にはなりません。

図 3.30 チェビシェフフィルタの設計パラメータ：$A = 1$, $c_1 = 1.11178594$, $c_2 = 1.11803399$

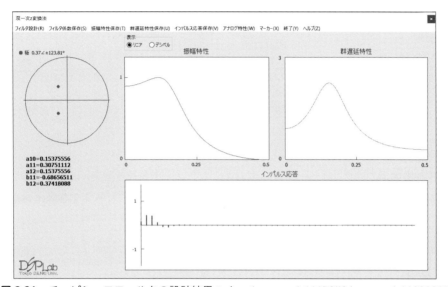

図 3.31 チェビシェフフィルタの設計結果：$A = 1$, $c_1 = 1.11178594$, $c_2 = 1.11803399$

3.5　ノッチフィルタ

IIR フィルタの応用例としてノッチフィルタ（notch filter）を紹介します。ノッチとは切れ込みを意味し、ゲインが一定のフラットな振幅特性に対して、ある周波数にのみ急激な減衰（ゲイン 0）を入れることに相当します。ノッチフィルタは、特定の周波数に強い成分を有する信号を処理対象にします。例えば、電源ラインからまわり込んできた単一周波数成分などが該当します。

3.5.1　ノッチフィルタの原理と周波数特性

ノッチフィルタの伝達関数 $H(z)$ は

$$H(z) = \frac{1}{\beta} \cdot \frac{1 - 2(\cos \omega_0)z^{-1} + z^{-2}}{1 - 2r(\cos \omega_0)z^{-1} + r^2 z^{-2}} \tag{3.47}$$

と定義されます。ここで、$\omega_0 = 2\pi f_0$ は減衰を入れるノッチ角周波数、r は極半径を示し、振幅特性上のノッチの幅を調整します。β は $\omega = 0$ でゲインが 1 になるようなゲイン補正係数を表し、

$$\beta = \frac{2 - 2\cos \omega_0}{1 - 2r\cos \omega_0 + r^2} \tag{3.48}$$

と定義されます。

(3.47) 式の零点 c_1, c_1^* を求めると、次式となります。

$$c_1, c_1^* = \frac{2\cos \omega_0 \pm \sqrt{4\cos^2 \omega_0 - 4}}{2} \tag{3.49}$$

$$= \frac{2\cos \omega_0 \pm j2\sqrt{1 - \cos^2 \omega_0}}{2} \tag{3.50}$$

$$= \cos \omega_0 \pm j \sin \omega_0 = e^{\pm j\omega_0} \tag{3.51}$$

同様に極 d_1, d_1^* は次式となります。

$$d_1, d_1^* = \frac{2r\cos \omega_0 \pm \sqrt{4r^2\cos^2 \omega_0 - 4r^2}}{2} \tag{3.52}$$

$$= r(\cos \omega_0 \pm j \sin \omega_0) = re^{\pm j\omega_0} \tag{3.53}$$

零点、極を用いると、(3.47) 式は

$$H(z) = \frac{1}{\beta} \cdot \frac{(1 - e^{j\omega_0}z^{-1})(1 - e^{-j\omega_0}z^{-1})}{(1 - re^{j\omega_0}z^{-1})(1 - re^{-j\omega_0}z^{-1})} \tag{3.54}$$

と表されます。ノッチフィルタの零点と極の偏角はいずれもノッチ角周波数となります。

収録ソフトウェアの第 3 章フォルダの「ノッチフィルタの周波数特性.exe」を起動してくだ

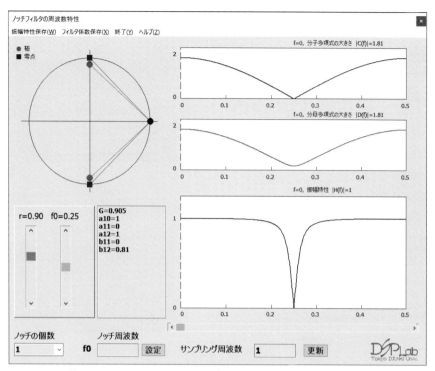

図 3.32 ノッチフィルタの周波数特性.exe の起動ウィンドウ

さい。図 3.32 のウィンドウが現れます。このソフトウェアはノッチフィルタの周波数特性を表示します。ウィンドウ左下側のスクロールバーを動かして r と f_0 を 1 つ決めると，複素平面上に極，零点が配置されます。ウィンドウ右側に表示されているのは，一番上が分子多項式の振幅特性

$$|C(\omega)| = (1/\beta) \cdot |1 - e^{j\omega_0}e^{-j\omega}| \cdot |1 - e^{-j\omega_0}e^{-j\omega}| \tag{3.55}$$

真ん中が分母多項式の振幅特性

$$|D(\omega)| = |1 - re^{j\omega_0}e^{-j\omega}| \cdot |1 - re^{-j\omega_0}e^{-j\omega}| \tag{3.56}$$

であり，一番下がノッチフィルタの振幅特性

$$|H(\omega)| = \frac{|C(\omega)|}{|D(\omega)|} \tag{3.57}$$

を表しています。また，$|H(\omega)|$ の下のスクロールバーは振幅特性マーカーであり，単位円上の $e^{j\omega}$ と連動して動きます。

　極，零点を用いると，振幅特性は単位円上の点 $e^{j\omega}$ と極，零点までの距離の比で求まることを思い出してください。図 3.33 のように $r = 0.99$ の場合，ω によらず「$e^{j\omega}$ ―零点」間と「$e^{j\omega}$ ―極」間の距離はほぼ同一であるため，$|C(\omega)| \approx |D(\omega)|$ となって $|H(\omega)|$ は一定値とな

り，$\omega = 2\pi f_0$ のときのみ $|C(\omega)| = 0$ となるため，急激な減衰特性が得られます。

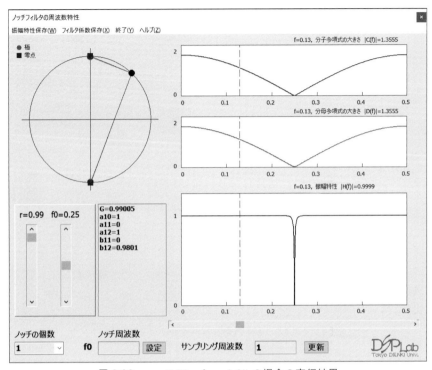

図 3.33 $r = 0.99$，$f_0 = 0.25$ の場合の実行結果

　一方，図 3.34 のように $r = 0.7$ の場合，ω の増加に伴い両者の距離が異なり始めます。$|H(\omega)|$ は $\omega = 0$ のときの値で正規化されているため，$|H(0)| = 1$ は担保されていますが，ω の増加に伴い，値が変動します。特に，ある ω を超えた時点で明らかに「$e^{j\omega}$ —極」間の距離が「$e^{j\omega}$ —零点」間の距離を上回り，$|C(\omega)| < |D(\omega)|$ となって $|H(\omega)|$ が徐々に減少します。その結果，減衰特性がノッチ周波数をはさんで，ある程度の幅をもつように形成されます。この場合でも，除去対象の正弦波は完全に除去できますが，それ以外の周波数成分も減衰するため，維持したい元信号も減衰するようになります。したがって，r はできるだけ大きい値で使用することが望ましいといえますが，ディジタルフィルタを実現する際に用いるハードウェアの制限のため，フィルタ係数の量子化などが原因で $r \geq 1$ となった場合は，不安定な動作になるため注意が必要です。

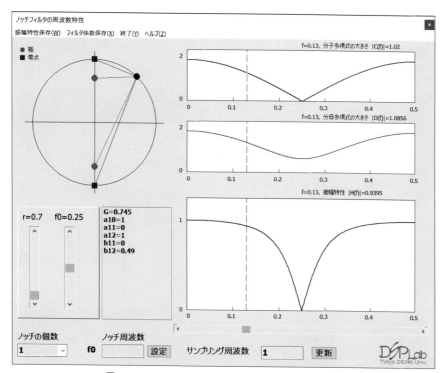

図 3.34 $r = 0.7$, $f_0 = 0.25$ の場合の実行結果

　本ソフトウェアは図 3.35 のように，ウィンドウ左下側のコンボボックスでノッチの個数を選択できます。ノッチ周波数は f_0 の整数倍に設定されます。ノッチフィルタは 2 次の IIR フィルタであるため，複数のノッチを形成する場合は個々のノッチ周波数をもつ 2 次 IIR フィルタの縦続接続で構成されます。

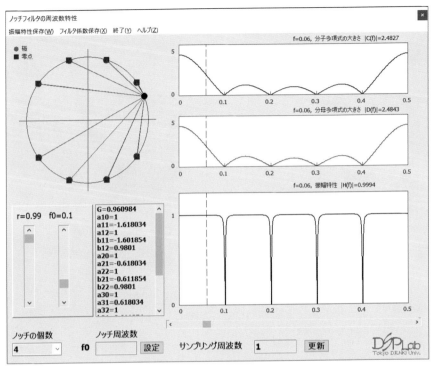

図 3.35 $r = 0.99$, $f_0 = 0.1$, ノッチの個数 4 の場合の実行結果

また，ウィンドウ下側 2 番目の入力欄で任意の周波数を入力し，設定ボタンを押すと，ノッチ周波数を設定することも可能です．

3.5.2 ノッチフィルタの動作

収録ソフトウェアの第 3 章フォルダの「ノッチフィルタ.exe」を起動してください．図 3.36 のウィンドウが現れます．このソフトウェアは 1.8 節のディジタルフィルタの体験 8.exe と同様ですが，正弦波の周波数が既知である場合を想定しています．したがって，このソフトウェアを使用する際には，1.10 節の正弦波付加.exe で任意の周波数の正弦波を付加した信号を用意してください．

まず，メニューバーの「WAV ファイル読込」を選択して，例としてデータフォルダ内の「正弦波付加音声.wav」を読み込むと，図 3.37 のように正弦波が付加された音声波形が表示されます．ディジタルフィルタの動作は正規化周波数で考えたほうがわかりやすいですが，正弦波の周波数はそのままのほうがわかりやすいため，このソフトウェアでは，WAV ファイルに記録されているサンプリング周波数を用いて，ノッチ周波数を調整するスクロールバーの値を調整しています．正弦波付加音声.wav はサンプリング周波数が 8,000[Hz] のため，スクロールバーではノッチ周波数を 4,000[Hz] 未満で調整できます．付加正弦波の周波数は 2,000[Hz]

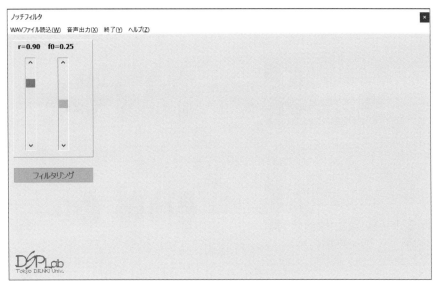

図 3.36 ノッチフィルタ.exe の起動ウィンドウ

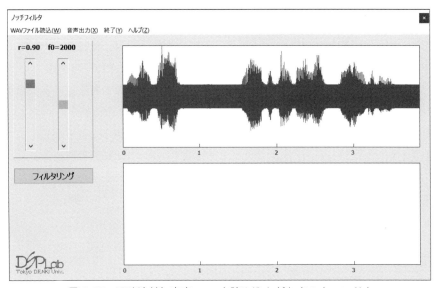

図 3.37 正弦波付加音声.wav を読み込んだときのウィンドウ

であるため，デフォルトの設定で $\boxed{\text{フィルタリング}}$ ボタンを押すと，図 3.38 のように正弦波が除去
された音声信号が出力されます。正弦波除去信号をメニューバーの「音声出力」→「再生」→
「出力信号」を用いて，実際に聴きながら正弦波除去の効果を体験してください。

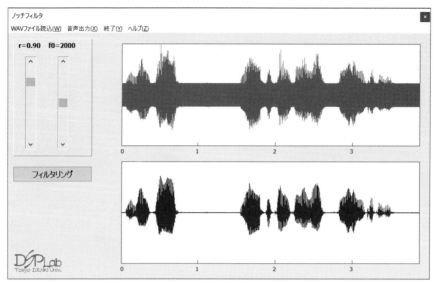

図 3.38 $f_0 = 2000$, $r = 0.9$ のときの出力信号

　図 3.39 のように $r = 0.9$ のままで，f_0 をちょっとだけ動かしたときのフィルタリング結果を観察してください。3.5.1 項で述べたとおり，十分大きい r に対してはノッチが鋭くなるため，図 3.39 の出力信号のように正弦波信号が除去されず残留します。一方，図 3.40 のように f_0 はちょっと動かしたままで，r を 0.5 まで下げてフィルタリングを行うとノッチ幅が広くなり，多少のノッチ周波数のずれであっても正弦波成分が抑圧できることがわかります。しかし，元の音声信号成分も同時に抑圧しているため，実際に聴いてみると音声が劣化していることがわかります。したがって，ノッチフィルタを使用する場合，正弦波の周波数が既知であれば，r の値を十分大きく設定すれば十分な正弦波除去性能が得られますが，周波数が未知の場合は r を小さく設定し，正弦波成分が小さくなる f_0 の値を調べ，十分に抑圧できる f_0 が発見できた後，最終的に大きい r に設定すればよいことがわかります。

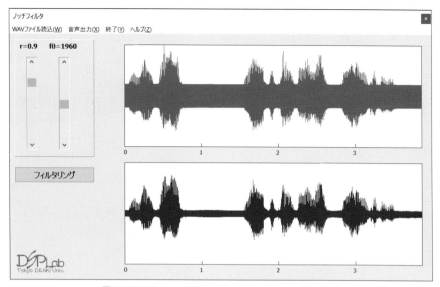

図 3.39　$f_0 = 1960$, $r = 0.9$ のときの出力信号

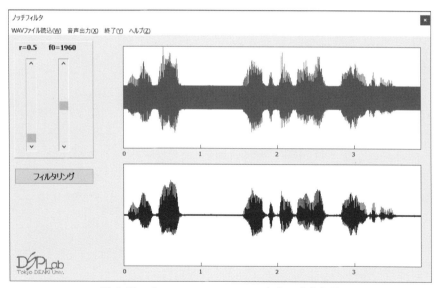

図 3.40　$f_0 = 1960$, $r = 0.5$ のときの出力信号

3.5.3　多段ノッチフィルタ

　3.5.1 項のノッチフィルタの周波数特性.exe では，ノッチフィルタの縦続接続でノッチ周波数の整数倍の周波数にノッチを形成する例を紹介しました。縦続接続したディジタルフィルタの振幅特性は各ディジタルフィルタの振幅特性の乗算となるため，任意の周波数にノッチ周波数を設定した 2 つのノッチフィルタを縦続接続すれば，任意の 2 つの周波数にノッチをもつ

ノッチフィルタが実現できます。

　収録ソフトウェアの第 3 章フォルダの「多段ノッチフィルタ.exe」を起動してください。図 3.41 のウィンドウが現れます。このソフトウェアは，周波数の異なる 2 つの正弦波が重畳した入力信号に対して，2 つのノッチフィルタの縦続接続を通して，正弦波を除去します。サンプル信号として，データフォルダの「2 周波数正弦波付加音声.wav」を読み込むと，図 3.42 のようにウィンドウ右側上部に表示されます。このサンプル信号には，サンプル音声.wav に周波数が 1,000[Hz] と 3,000[Hz] の正弦波を付加しています。

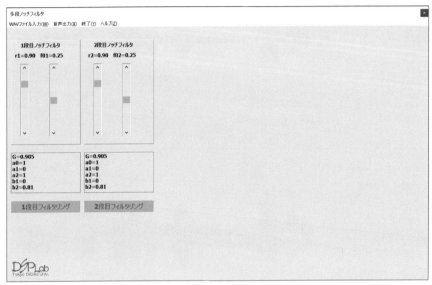

図 3.41　多段ノッチフィルタ.exe の起動ウィンドウ

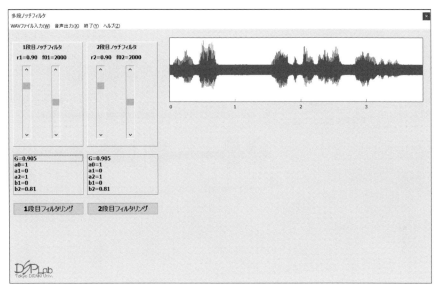

図 3.42 2 周波数正弦波付加音声.wav 読込時のウィンドウ

　ノッチフィルタで除去する周波数に順番は関係ありません。ここでは，1 段目で 3,000[Hz] の正弦波，2 段目で 1,000[Hz] の正弦波を除去します。そのために，ウィンドウ左側の「1 段目ノッチフィルタ」パネルのスクロールバーでノッチ周波数を 3,000[Hz] に設定し，1 段目フィルタリング ボタンを押します。図 3.43 の出力結果が表示されます。この結果がどの程度正しいのか，出力波形では直ちに確認できませんので，メニューバーの「音声出力」→「再生」→「正弦波付加音声」，「1 段目ノッチフィルタの出力音声」を選択し，聴き比べてください。次に，「2 段目ノッチフィルタ」パネルのスクロールバーでノッチ周波数を 1,000[Hz] に設定し，2 段目フィルタリング ボタンを押します。図 3.44 の出力結果が表示されます。今度は，正弦波が完全に除去できていることが確認できます。

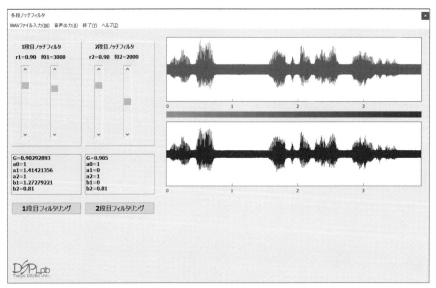

図 3.43　1 段目フィルタリングの出力結果（$f_{01} = 3,000$）

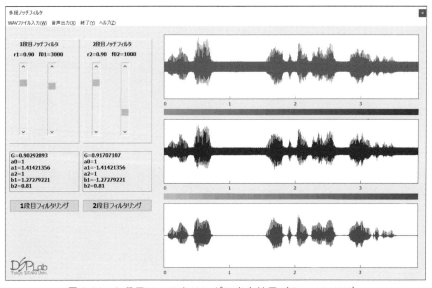

図 3.44　2 段目フィルタリングの出力結果（$f_{02} = 1,000$）

　周波数の異なる正弦波の付加は，1.10 節の正弦波付加.exe を繰り返し用いれば，簡単にできます。付加する 2 つの正弦波の周波数を近づけたり，遠ざけたりして，いろいろな状況での 2 段ノッチフィルタの動作を体験してください。

　次に，収録ソフトウェアの第 3 章フォルダの「ノッチフィルタクイズ.exe」を起動してください。図 3.45 のウィンドウが現れます。このソフトウェアの見た目は多段ノッチフィルタ.exe

と同様ですが，内容は 1.8 節のディジタルフィルタの体験 8.exe の 2 段ノッチフィルタ版と考えてください。したがって，音声信号に付加する 2 つの正弦波の周波数をランダムに生成します。ただし，ウィンドウ左側上部の各ノッチフィルタのノッチ周波数の刻みに合うように調整しています。

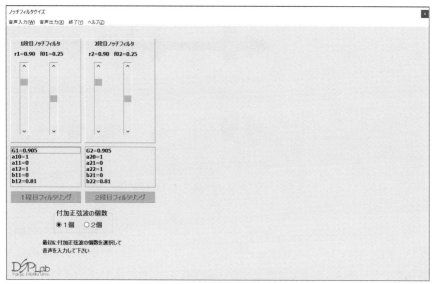

図 3.45 ノッチフィルタクイズ.exe の起動ウィンドウ

　このソフトウェアを使用する際には，ウィンドウ左下側の付加正弦波ラジオボタンで，付加する正弦波の個数を選択します。その後，メニューバーの「音声入力」→「WAV ファイル入力」から音声信号を読み込むと，選択した個数の正弦波が付加されます。正弦波の個数が 1 個の場合はディジタルフィルタの体験 8.exe と同じ動作になります。その際には，ウィンドウ左上の「1 段目ノッチフィルタ」で r と f_0 を調整し，１段目フィルタリング ボタンを押してください。正弦波の個数が 2 個の場合も，最初は 1 段目ノッチフィルタで調整します。2 段目ノッチフィルタは 1 段目の出力に対してフィルタリングを行いますので，2 段目の調整が成功しても，1 段目の調整が失敗している場合は，２段目フィルタリング ボタンを押してフィルタリングを行っても，出力信号に正弦波が残ります。調整がうまくいけば，図 3.46 のような出力信号が得られます。この問題は，とてもチャレンジングですが，うまくいったときは達成感が得られます。

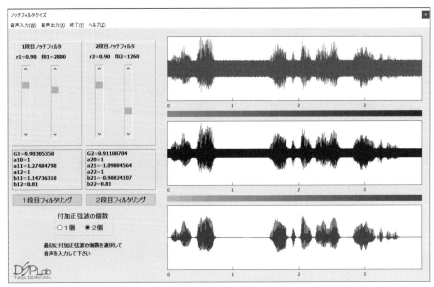

図 3.46 ノッチフィルタクイズの成功例

　メニューバーの「音声出力」→「WAV ファイル出力」で正弦波が付加された信号を出力できますので，2.2.1 項のフーリエ解析.exe やスペクトログラム.exe を用いて未知の付加正弦波の周波数をこっそり調べることもできますが，まずは r と f_0 を少しずつ調整しながらフィルタリング波形を表示し，出力信号が変動する様子を観察しながら，ノッチフィルタの動作の感覚を体験してください。

　このソフトウェアにも，音声の録音・再生機能を実装していますので，自分の声でノッチフィルタの効果を体験してください。

3.6 オールパスフィルタ

3.5 節のノッチフィルタでは，単位円と極，零点間の距離がほぼ同一になることを利用して一定の振幅特性を実現しました。この性質を用いると，ω にかかわらず単位円と極，零点間の距離が一定であれば，常に $|H(\omega)| = 1$ の特性を作ることができます。これを**オールパスフィルタ**（allpass filter）といいます。常に振幅特性が 1 の場合，フィルタに求められる周波数選択機能が失われますが，位相特性（群遅延特性）を調整できるため，位相補正などに利用できます。

3.6.1　オールパスフィルタの原理

安定性保証のために，IIR フィルタの極は単位円内に存在する必要があります。そのため，複素共役対の極 p_1，p_2 を

$$p_1, p_2 = re^{\pm j\omega_0}, \, 0 < r < 1 \tag{3.58}$$

と設定します。p_1，p_2 を用いると，分母多項式 $D(z)$ は

$$D(z) = (1 - re^{j\omega_0}z^{-1})(1 - re^{-j\omega_0}z^{-1}) \tag{3.59}$$

$$= 1 - r\left(e^{j\omega_0} + e^{-j\omega_0}\right)z^{-1} + r^2 z^{-2} \tag{3.60}$$

$$= 1 - 2r(\cos\omega_0)z^{-1} + r^2 z^{-2} \tag{3.61}$$

となります。$z = e^{j\omega}$ とおくと $D(\omega)$ は次式で求まります。

$$D(\omega) = 1 - 2r(\cos\omega_0)e^{-j\omega} + r^2 e^{-j2\omega} \tag{3.62}$$

$D(z)$ に対して分子多項式 $C(z)$ を次式で定義します。

$$C(z) = r^2 - 2r(\cos\omega_0)z^{-1} + z^{-2} \tag{3.63}$$

$$= z^{-2}\left\{1 - 2r(\cos\omega_0)z + r^2 z^2\right\} \tag{3.64}$$

$z = e^{j\omega}$ とおくと $C(\omega)$ は次式となります。

$$C(\omega) = e^{-j2\omega}\left\{1 - 2r(\cos\omega_0)e^{j\omega} + r^2 e^{j2\omega}\right\} \tag{3.65}$$

(3.62) 式と (3.65) 式を比べると，(3.65) 式のカッコ内が (3.62) 式の複素共役であることがわかります。つまり，

$$C(\omega) = e^{-j2\omega}D^*(\omega) \tag{3.66}$$

と書けます。$C(\omega)$ の大きさ $|C(\omega)|$ は

$$|C(\omega)| = |e^{-j2\omega}D^*(\omega)| \tag{3.67}$$

$$= |e^{-j2\omega}| \cdot |D^*(\omega)| = |D^*(\omega)| \tag{3.68}$$

となります。共役複素数の性質から，

$$|D(\omega)| = |D^*(\omega)| \tag{3.69}$$

であることに注意すれば，全ての ω に対して $|C(\omega)| = |D(\omega)|$ が成立します。これがオールパスフィルタのキーポイントです。

$C(z)$ と $D(z)$ を用いて，オールパスフィルタの伝達関数 $H(z)$ を次式で定義します。

$$H(z) = \frac{C(z)}{D(z)} = \frac{r^2 - 2r(\cos\omega_0)z^{-1} + z^{-2}}{1 - 2r(\cos\omega_0)z^{-1} + r^2z^{-2}} \tag{3.70}$$

周波数特性 $H(\omega)$ は次式で求まります。

$$H(\omega) = \frac{C(\omega)}{D(\omega)} \tag{3.71}$$

$$= e^{-j2\omega}\frac{D^*(\omega)}{D(\omega)} \tag{3.72}$$

振幅特性 $|H(\omega)|$ は

$$|H(\omega)| = |e^{-j2\omega}| \cdot \frac{|D^*(\omega)|}{|D(\omega)|} \tag{3.73}$$

$$= 1 \tag{3.74}$$

となり，ω に関係なく 1 となります。一方，位相特性 $\angle H(\omega)$ は

$$\angle H(\omega) = -2\omega + \angle D^*(\omega) - \angle D(\omega) \tag{3.75}$$

$$= -2\omega + 2\angle D^*(\omega) \tag{3.76}$$

$$= -2\omega + 2\tan^{-1}\frac{-2r\cos\omega_0\sin\omega + r^2\sin 2\omega}{1 - 2r\cos\omega_0\cos\omega + r^2\cos 2\omega} \tag{3.77}$$

と求められます。

$C(z)$ から零点 z_1，z_2 は次式のように求められます。

$$z_1, z_2 = \frac{1}{r}e^{\pm j\omega_0} \tag{3.78}$$

z_1，z_2 は単位円に関して p_1，p_2 と鏡像関係にあります。z_1，z_2 を用いると $C(z)$ は

$$C(z) = r^2\left(1 - \frac{1}{r}e^{j\omega_0}z^{-1}\right)\left(1 - \frac{1}{r}e^{-j\omega_0}z^{-1}\right) \tag{3.79}$$

$$= (r - e^{j\omega_0}z^{-1})(r - e^{-j\omega_0}z^{-1}) \tag{3.80}$$

$$= z^{-2}(rz - e^{j\omega_0})(rz - e^{-j\omega_0}) \tag{3.81}$$

と表すことができます。同様に $D(z)$ は

$$D(z) = z^{-2}(z - re^{j\omega_0})(z - re^{-j\omega_0}) \tag{3.82}$$

となります。$z = e^{j\omega}$ とおいて振幅特性を求める際の $e^{j\omega}$ と極，零点の間の距離について考えます。まず，(3.82) 式の $z - re^{j\omega_0}$ について考えると，$|e^{j\omega} - re^{j\omega_0}|$ は図 3.47 の①のように，半径 r，偏角 ω_0 から単位円の偏角 ω の点を見た距離を表します。一方，(3.81) 式の $rz - e^{j\omega_0}$ について考えると，$|re^{j\omega} - e^{j\omega_0}|$ は図 3.47 の②のように，単位円上の偏角 ω_0 から半径 r，偏角 ω の点を見た距離を表します。この 2 つの距離が等しいことは図より明らかです。したがって，ω によらず $e^{j\omega}$ と極，零点の距離は同一であるため互いに相殺し，オールパス特性が成立することがわかります。

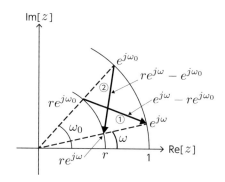

図 3.47 オールパスフィルタの極・零点配置

3.6.2　オールパスフィルタの動作

オールパスフィルタの動作を確認するために，収録ソフトウェアの第 3 章フォルダの「オールパスフィルタ.exe」を起動してください。図 3.48 のウィンドウが現れます。このソフトウェアでは，ウィンドウ左下のスクロールバーで 2 次オールパスフィルタのパラメータ r，f_0 を指定して，オールパスフィルタの極・零点配置，振幅特性，群遅延特性，インパルス応答を表示します。

ソフトウェア起動時のパラメータは $r = 0.9$，$f_0 = 0.25$ です。ウィンドウ左上の極・零点配置で極と零点が鏡像関係にあることが確認できます。また，振幅特性は理論上全ての周波数で 1 ですが，実際にソフトウェア内部で計算した結果を見ても正しいことがわかります。一方，群遅延特性は ω が極，もしくは零点付近を通過するとき，ω の変動量 $\Delta\omega$ に対する位相の変動量 $\Delta\angle H(\omega)$ が大きいため，f_0 付近で群遅延 $\tau(\omega)$ が急激に大きくなることが確認できます。f_0 以外の周波数の群遅延は f_0 付近と比較して小さく，かつ周波数によらず同程度の大

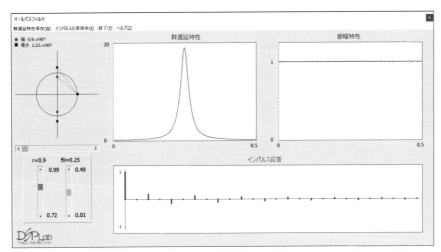

図 3.48 オールパスフィルタ.exe の起動ウィンドウ（$r = 0.9$, $f_0 = 0.25$）

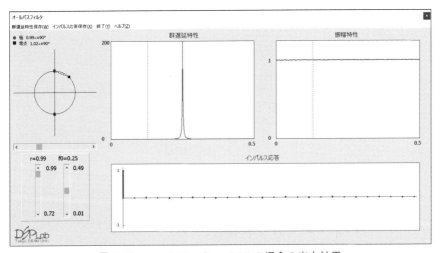

図 3.49 $r = 0.99$, $f_0 = 0.25$ の場合の出力結果

きさになることがわかります。したがって，f_0 付近を除けば，オールパスフィルタの振幅・群遅延特性は単位インパルス信号の周波数スペクトルとほぼ一致することがわかります。そのため，その逆変換であるインパルス応答は単位インパルス信号に似ています。ただし，f_0 成分のみは大きな群遅延を示すため，この例では，周波数が $f_0 = 0.25$，すなわち周期が 4 サンプルの正弦波成分が減衰しながら出力されている様子が観察できます。

　一方，図 3.49 のように，r を単位円ぎりぎりまで近づけて $r = 0.99$ と設定すると，群遅延特性上で周波数が $f = 0.25$ のところに巨大なピークが形成され，それ以外の周波数の群遅延は相対的に小さくなります。結果的に，インパルス応答がほぼ単位インパルス信号に近づいている様子が観察できます。

コラム 2　2 次 IIR フィルタの出力計算をトレーニングしよう！

基本的な 2 次 IIR フィルタの入出力関係は

$$y_n = -b_1 y_{n-1} - b_2 y_{n-2} + a_0 x_n + a_1 x_{n-1} + a_2 x_{n-2}$$

で表されました。この式に直接，値を代入すれば出力信号を計算できますが，回路図上で信号の流れを追いながら出力信号を計算すると，ディジタルフィルタの動作を理解しやすくなります。

収録ソフトウェアの第 3 章フォルダ内の「2 次 IIR フィルタの出力計算.exe」を起動すると，図 C2.1 のウィンドウが現れます。このソフトウェアでは，図中に示されている 2 次 IIR フィルタに対して，ウィンドウ右側に表示している信号 $x = \{x_0, x_1, x_2, x_3\}$ を入力したときの，出力 $y = \{y_0, y_1, y_2, y_3\}$ を計算します。⓪が y_0，①が y_1，②が y_2，③が y_3 の計算を表します。

図中の遅延器や乗算器，加算器の入力，出力の値を入力し，解答チェック！ボタンを押すと，正解の場合，図 C2.2 のようにウィンドウ右側に「○：正解」と表示され，不正解の場合は図 C2.3 のようにウィンドウ右側に「×：間違い」と表示されます。間違いの判定は出力信号値のみで判断しています。そのため，間違っている場合は，回路中のどの部分が間違っているか，詳細に調べましょう。このソフトウェアを活用して，2 次 IIR フィルタの動作を体得しましょう。

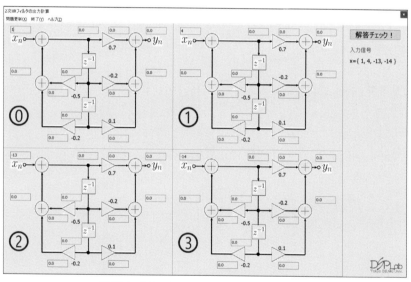

図 C2.1　2 次 IIR フィルタ.exe の起動ウィンドウ

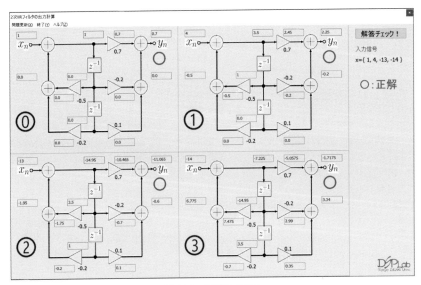

図 C2.2　正解時の表示

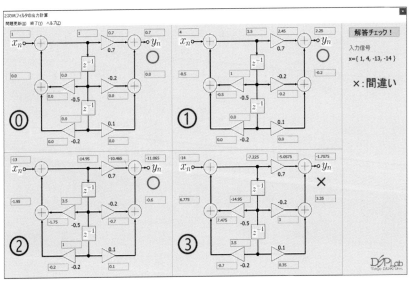

図 C2.3　不正解時の表示

Chapter 4

FIRフィルタを設計しよう

本章では，FIR フィルタの設計法についてソフトウェアを用いて体験します。本書で扱う FIR フィルタ設計法では，理想低域通過フィルタのインパルス応答に基づく設計法と所望特性との 2 乗誤差を最小化する設計法について紹介します。

フィルタ次数が N の FIR フィルタの伝達関数 $H(z)$ は，次式で表されます。

$$H(z) = \sum_{k=0}^{N} h_k z^{-k} \tag{4.1}$$

そのため，FIR フィルタの設計ソフトウェアでは，設計が完了すると次のような次数 N とフィルタ係数が記録されたテキストファイル（txt ファイル）を生成します。

N：フィルタ次数
h_0 の値
h_1 の値
$\vdots$
h_N の値

　FIR フィルタ設計ソフトウェアでも，設計したフィルタの周波数特性がウィンドウ上に表示できるように配置しています。時間軸上での動作確認のために，収録ソフトウェアの第 4 章フォルダの「FIR フィルタ.exe」を起動してください。図 4.1 のウィンドウが現れます。このソフトウェアは，音声信号を入力とし，FIR フィルタ処理を行います。

図 4.1　FIR フィルタ.exe の起動ウィンドウ

まず，メニューバーの「音声入力」→「WAV ファイル入力」を選択して，例としてデータフォルダ内の「ノイズ付加音声.wav」を選択して読み込むと，図 4.2 のように入力信号波形が表示されます。

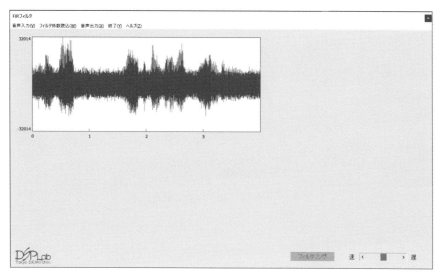

図 4.2　FIR フィルタのための入力信号波形

　メニューバーの「フィルタ係数読込」を選択して，音声サンプルフォルダ内の「FIR フィルタの係数.txt」を選択すると，図 4.3 下側に示すようにフィルタ係数が読み込まれます。これで準備が整いましたので，フィルタリングボタンを押すと，図 4.4 のように FIR フィルタ処理が開始されます。このソフトウェアでは，ウィンドウ右側上部に入力信号の周波数スペクトル，右側下部に出力信号の周波数スペクトルが表示されます。画面表示速度は，ウィンドウ右下のスクロールバーで調整できます。

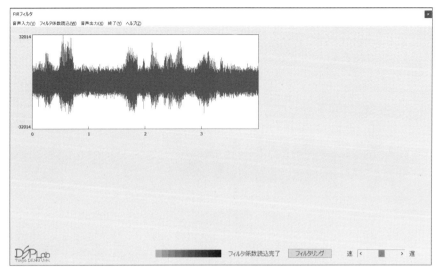

図 4.3 FIR フィルタ係数の読み込み

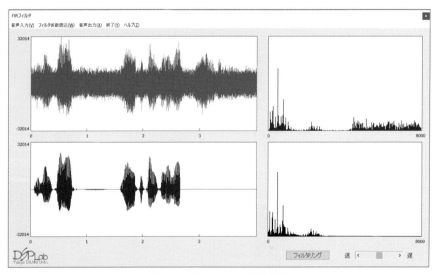

図 4.4 FIR フィルタの実行

　信号波形と周波数スペクトルを見ながら，FIR フィルタ処理の効果を体験してください。さらに今後，自分で設計する FIR フィルタの効果の確認にも本ソフトウェアを有効活用してください。

　本ソフトウェアにも音声の録音・再生機能を実装していますので，自分の声でも FIR フィルタ処理の効果を体験してください。

4.2 直線位相特性

　本節では，FIR フィルタを特徴づける特性の 1 つである**直線位相特性**（linear phase characteristic）について説明します。最初に，直線位相特性について簡単に解説し，FIR フィルタで直線位相特性が実現できる理由について説明します。

　2.6 節の (2.79) 式で定義した群遅延特性 $\tau(\omega)$ が，次式のように周波数によらず一定値 τ_c の場合を考えます。

$$\tau(\omega) = -\frac{d\angle H(\omega)}{d\omega} = \tau_c \tag{4.2}$$

上式から $\angle H(\omega)$ を求めると，

$$\angle H(\omega) = -\omega\tau_c \tag{4.3}$$

が求まります。(4.3) 式は，横軸を ω にとって描くと，図 4.5 のように直線となります。このような特性を**直線位相特性**（linear phase characteristic）といいます。(4.2) 式のとおり，このフィルタでは全ての周波数成分が一定時間 τ_c だけ遅れます。

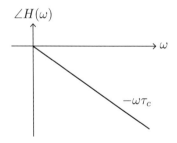

図 4.5　直線位相特性

　仮に，オールパスフィルタのように全ての周波数の振幅特性が $|H(\omega)| = 1$ であるような FIR フィルタがあったとします[*1]。その前提のもと，収録ソフトウェアの第 4 章フォルダの「直線位相特性.exe」を起動してください。図 4.6 のウィンドウが現れます。このソフトウェアでは，4 つの周波数成分をもつ信号 x_n が次式で与えられていることを想定しています。

[*1]　オールパスフィルタでは極と零点が鏡像関係にある必要がありますが，極が全て z 平面上の原点に集積している FIR フィルタではオールパスフィルタは実際には作れません。

$$x_n = 0.5\sin\left\{\frac{2\pi}{20}(n-5.3)\right\} - 0.45\sin\left\{\frac{4\pi}{20}(n-4.2)\right\}$$

$$0.4\sin\left\{\frac{6\pi}{20}(n-1.8)\right\} + 0.7\sin\left\{\frac{8\pi}{20}(n-2.6)\right\} \tag{4.4}$$

ソフトウェア右側に示している波形は上から上式の第1項目〜第4項目の正弦波を表示しています。5番目の波形は x_n を表示しています。ウィンドウ左側のスクロールバーは上から基本波，第2高調波，第3高調波，第4高調波に与える遅延を表しています。遅延を与えた信号 y_n は

$$y_n = 0.5\sin\left\{\frac{2\pi}{20}(n-5.3-\tau_1)\right\} - 0.45\sin\left\{\frac{4\pi}{20}(n-4.2-\tau_2)\right\}$$

$$0.4\sin\left\{\frac{6\pi}{20}(n-1.8-\tau_3)\right\} + 0.7\sin\left\{\frac{8\pi}{20}(n-2.6-\tau_4)\right\} \tag{4.5}$$

であり，ウィンドウ右側一番下に表示されます。

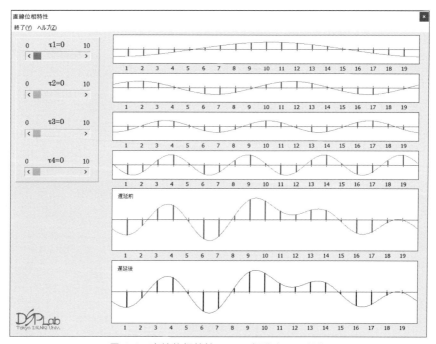

図 4.6　直線位相特性.exe の起動ウィンドウ

　図 4.7 のように，4つのスクロールバーを動かし，遅延を全て同じ値に設定すると，x_n に対して y_n は各スクロールバーで設定した値だけ遅延はするものの，波形は保存されます。これが直線位相特性の魅力的な点です。それに対し，図 4.8 に示すように，遅延をそれぞれ異な

る値に設定すると，y_n は遅延はするものの波形は保存されません。したがって，波形保存が必要とされる応用では直線位相特性が威力を発揮します。実際のフィルタでは，全ての周波数帯域で波形が保存される必要はなく，欲しい信号が通過する帯域のみで保存できれば十分なので，直線位相特性をもつ FIR フィルタで近似的に振幅特性が 1 となる帯域が設計できればよいことになります。

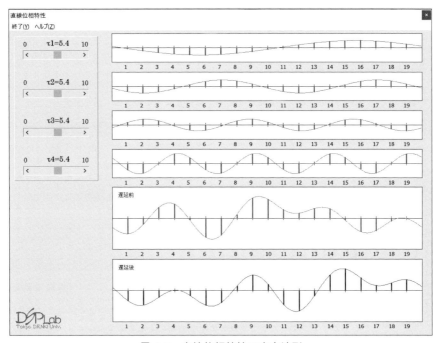

図 4.7 直線位相特性の出力波形

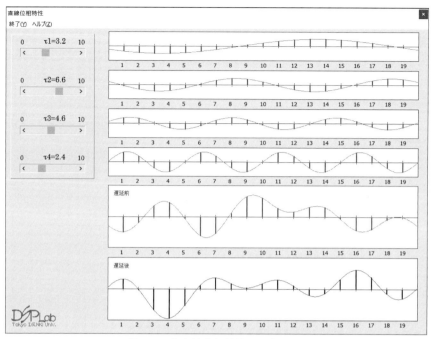

図 4.8　非直線位相特性の出力波形

　直線位相特性が実現できる条件を考えてみましょう。2.9.1 項で紹介したとおり，理想的な低域通過フィルタのインパルス応答はシンク関数で表されました。シンク関数は時刻 0 を中心に偶対称な関数で表されます。一方，直線位相特性では，図 4.7 のように波形を保存したまま，一定時間だけ遅れます。したがって，シンク関数の形を保存したまま，一定時間だけ遅らせば低域通過フィルタの特性を維持しながら，直線位相特性が実現できることになります。ただし，FIR フィルタのインパルス応答は有限であり，かつ因果性を満たすためには 0 以上の時刻でのみ値をとる必要があります。

　インパルス応答が $h_0, h_1, \cdots, h_N$ で表される FIR フィルタを考えましょう。フィルタ次数 N に制限はありませんが，取り扱いの簡単さから N は偶数に限定します。したがって，インパルス応答，すなわちフィルタ係数は $N+1$ 個の奇数になります。さらに対称性については，偶対称，奇対称のいずれでも結構ですが，こちらも取り扱いの簡単さから偶対称に限定します。このような偶数次偶対称インパルス応答では，h_k は図 4.9 に示すように $k = N/2$ を中心として対称となり，次式が成り立ちます。

$$h_k = h_{N-k}, \ k = 0, 1, \cdots, N/2 - 1 \tag{4.6}$$

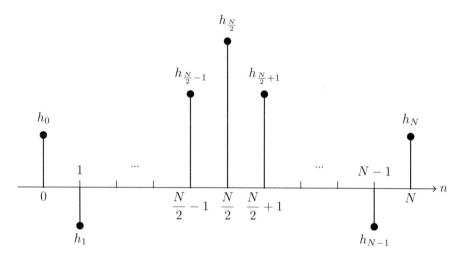

図 4.9 偶数次偶対称インパルス応答

　偶数次偶対称インパルス応答をもつ FIR フィルタの周波数特性 $H(\omega)$ を計算してみます。少々難解な変形ですが，ついてきてください。

$$
\begin{aligned}
H(\omega) &= \sum_{k=0}^{N} h_k e^{-jk\omega} \\
&= h_0 + h_1 e^{-j\omega} + \cdots + h_{N/2-1} e^{-j(N/2-1)\omega} + h_{N/2} e^{-j(N/2)\omega} \\
&\quad + h_{N/2+1} e^{-j(N/2+1)\omega} + \cdots + h_{N-1} e^{-j(N-1)\omega} + h_N e^{-jN\omega} \\
&= e^{-j(N/2)\omega} \Big\{ h_0 e^{j(N/2)\omega} + h_1 e^{j(N/2-1)\omega} + \cdots + h_{N/2-1} e^{j\omega} + h_{N/2} \\
&\quad + h_{N/2+1} e^{-j\omega} + \cdots + h_{N-1} e^{-j(N/2-1)\omega} + h_N e^{-j(N/2)\omega} \Big\}
\end{aligned}
\tag{4.7}
$$

第 2 式から第 3 式への変形では，中心のインパルス応答 $h_{N/2}$ の隣の $e^{-j(N/2)\omega}$ を全体の前に出しました。ここで，(4.6) 式の関係を利用すると，次式となります。

$$
\begin{aligned}
H(\omega) &= e^{-j(N/2)\omega} \Big\{ h_0 e^{j(N/2)\omega} + h_1 e^{j(N/2-1)\omega} + \cdots + h_{N/2-1} e^{j\omega} + h_{N/2} \\
&\quad + h_{N/2-1} e^{-j\omega} + \cdots + h_1 e^{-j(N/2-1)\omega} + h_0 e^{-j(N/2)\omega} \Big\} \\
&= e^{-j(N/2)\omega} \Big[h_0 \big\{ e^{j(N/2)\omega} + e^{-j(N/2)\omega} \big\} + h_1 \big\{ e^{j(N/2-1)\omega} + e^{-j(N/2-1)\omega} \big\} \\
&\quad + \cdots + h_{N/2-1} \big\{ e^{j\omega} + e^{-j\omega} \big\} + h_{N/2} \Big]
\end{aligned}
\tag{4.8}
$$

ここで，オイラーの公式

$$e^{j\theta} + e^{-j\theta} = 2\cos\theta$$

を思い出すと，

$$H(\omega) = e^{-j(N/2)\omega}\left(2h_0\cos\frac{N}{2}\omega + 2h_1\cos\frac{N-1}{2}\omega\right.$$
$$\left. + \cdots + 2h_{N/2-1}\cos\omega + h_{N/2}\right) \tag{4.9}$$

となります。ここで，

$$a_0 = h_{N/2} \tag{4.10}$$

$$a_k = 2h_{N/2-k},\ k = 1, 2, \cdots, N/2 \tag{4.11}$$

とおくと，

$$H(\omega) = e^{-j\frac{N}{2}\omega}\sum_{k=0}^{N/2} a_k\cos k\omega \tag{4.12}$$

とまとめることができます。周波数特性 $H(\omega)$ が振幅特性 $|H(\omega)|$ と位相特性 $\angle H(\omega)$ を用いて，

$$H(\omega) = |H(\omega)|e^{j\angle H(\omega)}$$

と表すことができることを思い出すと

$$|H(\omega)| = \sum_{k=0}^{N/2} a_k\cos k\omega \tag{4.13}$$

$$\angle H(\omega) = -\frac{N}{2}\omega \tag{4.14}$$

を導くことができます。$|H(\omega)|$ は正値のため，実際に計算する場合は (4.13) 式の右辺は絶対値をとります。ただし，振幅特性の近似の際には絶対値を外したほうが微分などの数学的な操作がしやすいため，絶対値を外して考えます。

　いろいろと難解な式変形をしましたが，(4.13) 式は単に偶対称な関数である振幅特性をフーリエ級数展開で表しただけです[*2]。一方，位相特性は (4.14) 式のように，直線位相特性となります。群遅延特性 $\tau(\omega)$ は

$$\tau(\omega) = -\frac{d\angle H(\omega)}{d\omega} = -\frac{d}{d\omega}\left(-\frac{N}{2}\omega\right) = \frac{N}{2} \tag{4.15}$$

---

*2　フーリエ級数展開の性質として偶対称波形の場合，cos 成分のみとなります。

となり，周波数によらず一定値となります。つまり，もともとは無限長であったインパルス応答の一部分を切り出して，因果性を満たすように時間軸上で $N/2$ だけ移動した結果であることを表しています。ここで重要なことは，直線位相 FIR フィルタの位相特性，もしくは群遅延特性は次数 N を与えれば自動的に決定されるということです。その結果，直線位相 FIR フィルタの設計では振幅特性のみ考えればよいことになります。

収録ソフトウェアの第 4 章フォルダの「直線位相フィルタの振幅特性.exe」を起動してください。図 4.10 のウィンドウが現れます。このソフトウェアは 2.6 節で紹介した「周波数特性.exe」を直線位相 FIR フィルタに限定したものです。次数は $N = 6$ で，$h_0 = h_6$，$h_1 = h_5$，$h_2 = h_4$ となります。そのため，h_0 のスクロールバーを動かすと h_6 のスクロールバーも動きます。逆も然りです。まずは，h_k をいろいろと動かして，図 4.11 のように振幅特性の変動の様子，逆に群遅延特性が全く変動しないことを体験してください。

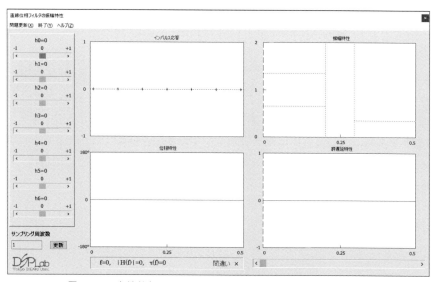

図 4.10 直線位相フィルタの振幅特性.exe の起動ウィンドウ

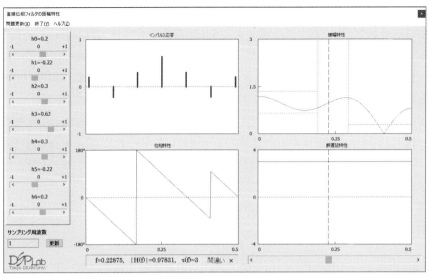

図 4.11 直線位相フィルタの振幅特性.exe の実行例

　このソフトウェアはクイズ形式になっており，振幅特性の点線で囲まれた範囲内に振幅特性を収めることができれば，図 4.12 のようにウィンドウ下部に「正解 ○」と表示されます。$N = 6$ で実現できる振幅特性は限界がありますので，難しいと思ったときはメニューバーの「問題更新」をクリックして点線位置を更新してください。点線で示される特性は低域通過フィルタなので，この問題を通じて，直線位相 FIR フィルタの係数値と振幅特性の関係を体験し，修得してください。

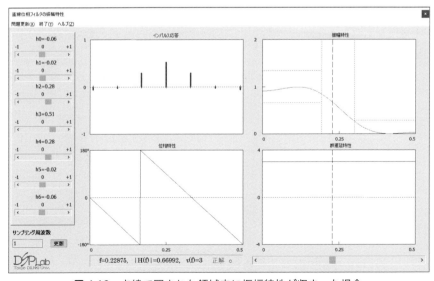

図 4.12 点線で囲まれた領域内に振幅特性が収まった場合

4.3 平均化フィルタ

本節では，直線位相 FIR フィルタの代表格である**平均化フィルタ**について紹介します。

4.3.1 平均化フィルタの原理

平均化フィルタは，その名のとおり入力信号列の平均値を出力します。入出力関係はフィルタ次数 N を偶数とすると，

$$y_n = \frac{1}{N+1} \sum_{k=0}^{N} x_{n-k} \tag{4.16}$$

と表されます。これは，現在の入力 x_n と過去 N サンプルの入力の総和に対する平均化です。

平均化フィルタでは，フィルタ処理によって抽出したい信号（所望信号）に対して，ランダムなノイズが重畳している状況を想定しています。一般にランダム性が強いほど，正（＋）にも負（－）にも同じ程度にランダムな値をとるため，平均値は 0 になります。その結果，平均化フィルタを通すとノイズ成分が除去されるというからくりです。ただし，この操作は所望信号がノイズに比べてゆっくりと振動していることを前提としています。平均化の長さ $N+1$ サンプルの間に所望信号がほとんど変動しない場合，ノイズのみ除去され，所望信号がそのまま出力されます。逆に $N+1$ が所望信号の変動に比べて大きい場合は，平均化によって所望信号も消去するため，N の選定は重大な問題となります。

収録ソフトウェアの第 4 章フォルダの「方形波平均化.exe」を起動してください。図 4.13 のウィンドウが現れます。このソフトウェアでは，方形波に重畳したランダムノイズを平均化フィルタで除去する様子を体験します。ウィンドウ左側の 2 つのスクロールバーのうち，上側はフィルタ次数 N を設定し，下側は重畳するランダムノイズのパワーを 0 から 1 の範囲で調整します。1 に近いほどパワーが大きくなります。起動時は $N=2$ で，パワーレベルは 0.5 に設定されています。

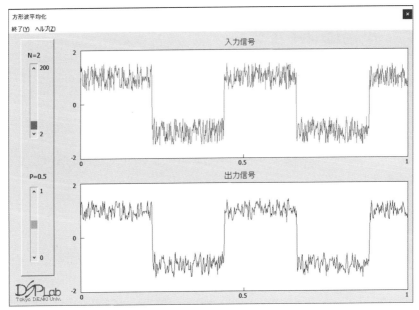

図 4.13 方形波平均化.exe の起動ウィンドウ

$N = 2$ の場合でも多少は平均化の効果がうかがえますが，図 4.14 のように $N = 10$ の場合は平均化の効果が向上することがわかります。さらに，図 4.15 のように $N = 50$ まで上げるとランダムに振動するノイズ成分はほぼ消去されます。

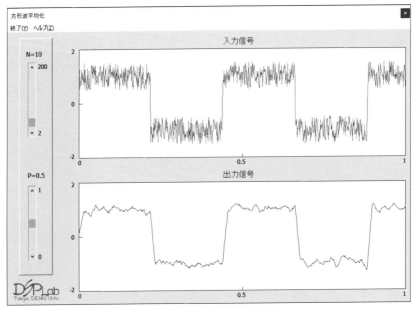

図 4.14 $N = 10$，$P = 0.5$ の場合の平均化出力波形

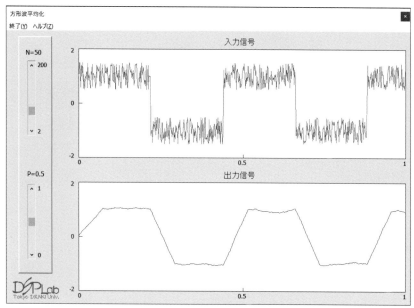

図 4.15 $N = 50$, $P = 0.5$ の場合の平均化出力波形

　次項で紹介するように，平均化フィルタは低域通過フィルタの効果があります。究極の平均化は，全ての信号サンプルをかき集めて，ただ1つの平均値をはじき出すことなので，時間によらず一定の値，つまり直流成分を取り出す操作に該当します。したがって，N の増加とともに低い周波数成分のみが通過します。一般に信号の急峻な立ち上がりや立ち下がりに寄与する成分は高周波成分ですので，図 4.15 のように $N = 50$ ではなまった波形になります。この効果は図 4.16 のように $P = 1$ と設定して，ノイズのパワーレベルを最大に設定した場合でも同様です。

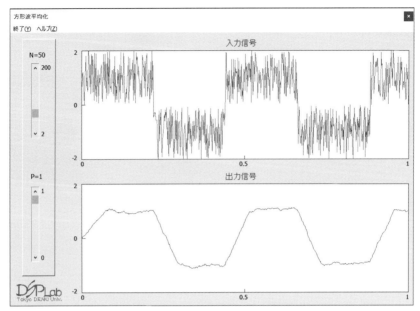

図4.16 $N = 50$, $P = 1$ の場合の平均化出力波形

さらに N を増やして，図4.17のように $N = 200$ と設定した場合は，低域通過フィルタの効果が強すぎて，方形波の形状が全く維持できません。

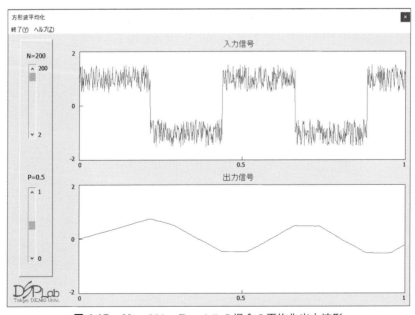

図4.17 $N = 200$, $P = 0.5$ の場合の平均化出力波形

4.3.2　平均化フィルタの周波数特性

平均化フィルタのインパルス応答は

$$h_k = \frac{1}{N+1}, \ k = 0, 1, \cdots, N \tag{4.17}$$

です。振幅特性 $|H(\omega)|$ は 4.2 節での導出を使うと

$$|H(\omega)| = \frac{1}{N+1}\left(1 + 2\cos\omega + 2\cos 2\omega + \cdots + 2\cos\frac{N}{2}\omega\right) \tag{4.18}$$

と求められます。実際には，右辺の絶対値をとります。ここでは，インパルス応答が全部同じであることに注目して別の導出も示します。

初項 a_0，公比 r の等比級数の N 項までの和 S が

$$S = a_0 + a_0 r + a_0 r^2 + \cdots + a_0 r^N \tag{4.19}$$

$$= a_0 \frac{1 - r^{N+1}}{1 - r} \tag{4.20}$$

であることを思い出してください。平均化フィルタの周波数特性 $H(\omega)$

$$H(\omega) = \frac{1}{N+1}\left(1 + e^{-j\omega} + e^{-j2\omega} + \cdots + e^{-jN\omega}\right) \tag{4.21}$$

と比較すると，

$$a_0 = \frac{1}{N+1} \tag{4.22}$$

$$r = e^{-j\omega} \tag{4.23}$$

であることがわかります。したがって，$H(\omega)$ は

$$H(\omega) = \frac{1}{N+1} \cdot \frac{1 - e^{-j(N+1)\omega}}{1 - e^{-j\omega}} \tag{4.24}$$

$$= \frac{1}{N+1} \cdot \frac{e^{-j\frac{N+1}{2}\omega}(e^{j\frac{N+1}{2}\omega} - e^{-j\frac{N+1}{2}\omega})}{e^{-j\frac{\omega}{2}}(e^{j\frac{\omega}{2}} - e^{-j\frac{\omega}{2}})} \tag{4.25}$$

$$= \frac{1}{N+1} \cdot e^{-j\frac{N}{2}\omega} \cdot \frac{2j\sin\frac{N+1}{2}\omega}{2j\sin\frac{\omega}{2}} \tag{4.26}$$

$$= e^{-j\frac{N}{2}\omega} \cdot \frac{1}{N+1} \cdot \frac{\sin\frac{N+1}{2}\omega}{\sin\frac{\omega}{2}} \tag{4.27}$$

と導出できます。これより，振幅特性は

$$|H(\omega)| = \left|\frac{1}{N+1} \cdot \frac{\sin\frac{N+1}{2}\omega}{\sin\frac{\omega}{2}}\right| \tag{4.28}$$

となり，位相特性は

$$\angle H(\omega) = -\frac{N}{2}\omega \tag{4.29}$$

となります。

(4.28) 式の分母の $\sin \omega/2$ は，ω が 0 から π まで動くと，0 から 1 に増加します。したがって，その逆数は ω の増加とともに減少します。一方，分子は ω 軸上で正弦振動し，

$$\frac{N+1}{2}\omega = n\pi, \; n = 1, 2, \cdots, N/2 \tag{4.30}$$

を満たす ω，つまり，

$$\omega = \frac{2}{N+1}n\pi, \; n = 1, 2, \cdots, N/2 \tag{4.31}$$

で 0 になります。ただし，$\omega = 0$ では $0/0$ と不定形となるため，ロピタルの定理を適用して，

$$\frac{1}{N+1} \cdot \left. \frac{\sin \frac{N+1}{2}\omega}{\sin \frac{\omega}{2}} \right|_{\omega=0} = \lim_{\omega \to 0} \frac{1}{N+1} \cdot \frac{\left(\sin \frac{N+1}{2}\omega\right)'}{\left(\sin \frac{\omega}{2}\right)'} \tag{4.32}$$

$$= \lim_{\omega \to 0} \frac{1}{N+1} \cdot \frac{\frac{N+1}{2}\cos \frac{N+1}{2}\omega}{\frac{1}{2}\cos \frac{\omega}{2}} \tag{4.33}$$

$$= 1 \tag{4.34}$$

と求められます。したがって，(4.28) 式は $\omega = 0$ で 1 となり，その後 ω 軸上で $2\pi/(N+1)$ 間隔で 0 となりながら，減衰する正弦振動となります。

収録ソフトウェアの第 4 章フォルダの「平均化フィルタの振幅特性.exe」を起動してください。図 4.18 のウィンドウが現れます。このソフトウェアは，平均化フィルタの振幅特性を表示します。起動時は $N = 2$ に設定されています。(4.31) 式より，

$$\omega = \frac{2\pi}{3} \tag{4.35}$$

すなわち，$f = 1/3$ で $|H(\omega)| = 0$ になっていることがわかります。図 4.19 のように $N = 4$ に設定すると，

$$\omega = \frac{2\pi}{5}, \frac{4\pi}{5} \tag{4.36}$$

すなわち，$f = 1/5, 2/5$ で $|H(\omega)| = 0$ になります。

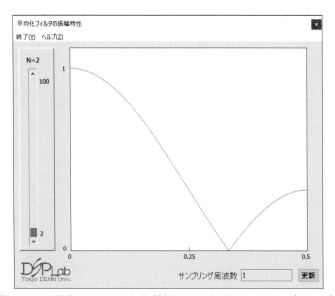

図 4.18 平均化フィルタの振幅特性.exe の起動ウィンドウ（$N = 2$）

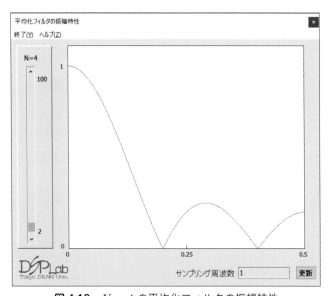

図 4.19 $N = 4$ の平均化フィルタの振幅特性

　$|H(\omega)|$ は ω の増加とともに減衰するため，低域通過フィルタ特性となります。N の増加とともに最初に $|H(\omega)| = 0$ になる ω が小さくなるため，低域通過フィルタの通過域が狭くなり，高周波帯域のノイズを除去するように動作することがわかります。さらに N を増加し，図 4.20 のように $N = 100$ に設定すると，通過域は非常に狭くなり，ほとんど直流（$\omega = 0$）成分のみが通過します。これが究極の平均化のからくりです。

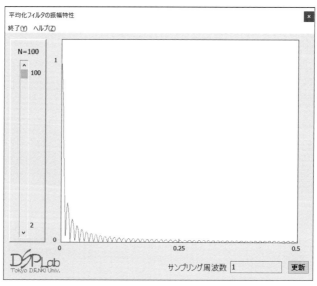

図 4.20 $N = 100$ の平均化フィルタの振幅特性

4.3.3 平均化フィルタの動作

　収録ソフトウェアの第 4 章フォルダの「平均化フィルタ.exe」を起動してください。図 4.21 のウィンドウが現れます。平均化フィルタは，フィルタ係数値ファイルの全ての係数を $1/(N+1)$ に設定すれば実現できますが，このソフトウェアはファイル作成の手間を省き，平均化処理をスムースに行います。

図 4.21 平均化フィルタ.exe の起動ウィンドウ

ここでは，メニューバーの「音声入力」→「WAV ファイル入力」から，図 4.22 のように
データフォルダの「ノイズ付加音声.wav」を読み込みます。最初は $N = 2$ と設定されていま
す。フィルタリングボタンを押すと，図 4.23 の結果が表示されます。平均化フィルタの振幅特
性.exe でも見たように，$N = 2$ でも高周波帯域では，相当の減衰があります。ノイズ付加音
声.wav はサンプリング周波数が 16[kHz] で，ノイズは $4 \sim 8[\mathrm{kHz}]$ のみに混入しているため，
図 4.23 のように，良好なノイズ除去効果があります。

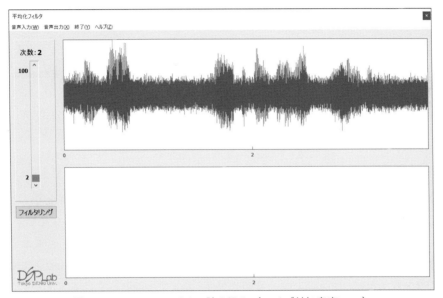

図 4.22　WAV ファイルの読み込み（ノイズ付加音声.wav）

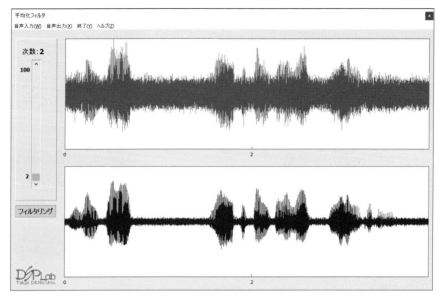

図 4.23 平均化フィルタの実行結果：$N = 2$

　図 4.24 に $N = 10$ の場合の出力結果を示します。このように $N = 10$ 程度で，十分なノイズ除去効果が得られていることが観察できます。しかし，振幅特性上でも確認できますが，$N = 10$ の場合，音声帯域の周波数で $|H(\omega)| = 0$ となる点が存在するため，必要な成分を除去する場合があります。2.2.2 項で紹介したスペクトログラム.exe で $N = 10$ の平均化フィルタの出力を分析すると，図 4.25 のような結果が得られます。この結果では，$|H(\omega)| = 0$ による信号除去を強調するため，表示が濃くなるように設定しています。このように，ノイズ帯域中でも完全に成分が遮断され，色が白くなっている周波数があり，効果的なノイズ除去に寄与していることがわかります。その一方で，1,500[Hz] 付近にも完全に消失している成分があり，貴重な音声情報を失っていることがわかります。

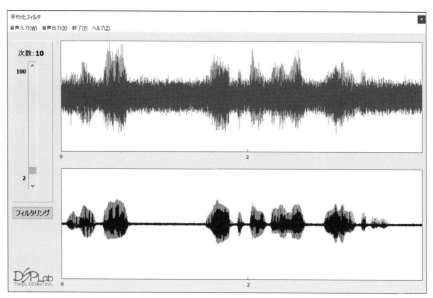

図 4.24　平均化フィルタの実行結果：$N = 10$

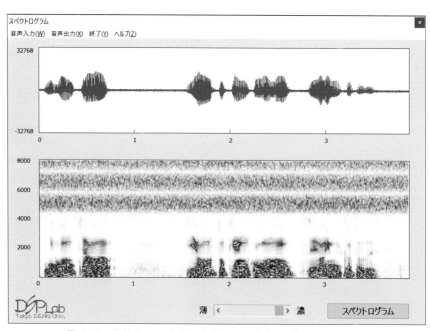

図 4.25　平均化フィルタの出力のスペクトログラム：$N = 10$

図 4.26 に示すように，$N = 50$ まで上げると，ノイズ除去効果は抜群ですが，音声信号成分も抑圧されます。

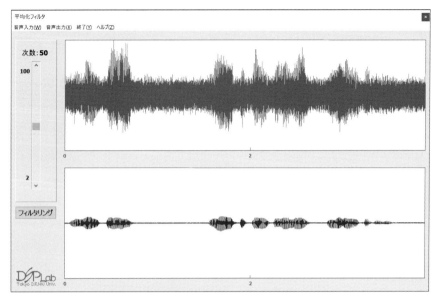

図 4.26 平均化フィルタの実行結果：$N = 50$

　平均化フィルタは，動作が簡単でありながら，かなりのノイズ除去効果が期待できます。ただし，N の決め方は慎重に行う必要がありますので，このソフトウェアやスペクトログラムを見ながら，適切な N を選択してください。

　本ソフトウェアにも音声の録音・再生機能を実装していますので，エアコンが動作しているような環境で自分の声を録音し，平均化フィルタの効果を体験してください。

4.4 窓関数法による直線位相 FIR フィルタの設計

本節では，直線位相 FIR フィルタの設計法である窓関数法（window function method）を紹介します。前節で紹介したとおり，直線位相 FIR フィルタの周波数特性はもともと無限長であったインパルス応答を切り出し，因果性を満たすように時間軸上で移動しました。窓関数法による設計手順はこれが全てですが，窓関数法が注目しているのはインパルス応答の切り出し法です。

4.4.1 矩形窓と窓関数の効果

2.9.1 項で紹介した「シンク関数.exe」で表示した振幅特性は，理想低域通過フィルタのインパルス応答 $h_{LPF,n}$ を $n = -N/2 \sim N/2$ の範囲で切り出して計算したものでした。これを因果性を満たすために $N/2$ だけ移動すると，直線位相 FIR フィルタが得られます。この切り出し法は，$n = -N/2 \sim N/2$ で $h_{LPF,n}$ をそのまま切り出すため，次式の $w_{R,n}$ を乗算したと考えることができます。

$$w_{R,n} = \begin{cases} 1, & -N/2 \leq n \leq N/2 \\ 0, & それ以外 \end{cases} \tag{4.37}$$

このようにインパルス応答を切り出すために乗じる関数を**窓関数**（window function）といいます。(4.37) 式は，$h_{LPF,n}$ に対して四角い窓を掛けるように動作しますので，方形窓もしくは**矩形窓**（rectangular window）と呼ばれます。

矩形窓では，もともと無限長であった $h_{LPF,n}$ を $n = -N/2$ と $n = N/2$ の時点で打ち切ります。つまり，インパルス応答の立場からすると本当は無限に続く予定であった値を突然失ったことになります。その結果，ギブス現象の影響を大きく受け，特にカットオフ周波数付近で大きなリプルが生じます。矩形窓は単純かつ直感的な効果がある反面，フィルタとしての特性が犠牲になります。

この原因をもう少し踏み込んで考えてみます。そのために，時間領域のたたみ込み演算の周波数領域表現について思い出しましょう。2.7.2 項で紹介したように，時間領域の信号 x_n と y_n のたたみ込み演算は，周波数領域では $X(\omega)$ と $Y(\omega)$ の積となりました。この関係は時間と周波数の関係を逆にしたときも成り立ち，時間領域の x_n と y_n の積は，周波数領域では次式のようなたたみ込み演算になります。

$$\mathcal{F}[x_n \cdot y_n] = \int_{-\pi}^{\pi} X(\Omega) Y(\omega - \Omega) d\Omega \tag{4.38}$$

ここで，$\mathcal{F}[\cdot]$ はフーリエ変換を表します。矩形窓は，$h_{LPF,n}$ に $w_{R,n}$ を乗じているため，周波数領域では

$$\mathcal{F}[w_{R,n} \cdot h_{LPF,n}] = \int_{-\pi}^{\pi} W_R(\Omega) H_{LPF}(\omega - \Omega) d\Omega \qquad (4.39)$$

となります。ここで，$W_R(\omega) = \mathcal{F}[w_{R,n}]$，$H_{LPF}(\omega) = \mathcal{F}[h_{LPF,n}]$ を表します。(4.39) 式で注意いただきたいのは，窓関数を乗じた結果得られる特性において，ある ω での値は，元になる低域通過フィルタの ω での値だけでなく，その周辺（Ω）の値も重み $W_R(\Omega)$ を乗じながら加算（積分）していることです。つまり，窓関数による切り出しは，元となるフィルタの特性の重み付け加算となります。

　切り出しを行っても元のフィルタ特性をそのまま維持したいならば，ω 周辺の重みが 0 となるように，$\Omega = 0$ でのみ値をもつことが求められます。これは，周波数領域のインパルス信号に対応します。したがって，窓関数の良さを判断するには，周波数領域でのインパルス信号への近さを考えればよいことになります。

　矩形窓の良さを判断するために，収録ソフトウェアの第 4 章フォルダの「窓関数と周波数特性.exe」を起動してください。図 4.27 のウィンドウが現れます。このソフトウェアは，次数 N を与えたときの窓関数と周波数特性を表示します。本書で想定している偶数次フィルタの場合，窓関数は $n = 0$ を中心に偶対称となりますので，窓関数の位相特性は直線位相となりますが，群遅延は中心の時刻，すなわち 0 なので，位相特性も 0 となります。このような特性を零位相特性といいます。そのため，表示している周波数特性は振幅特性のみです。

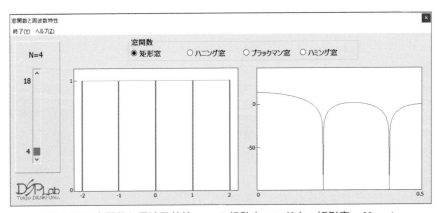

図 4.27　窓関数と周波数特性.exe の起動ウィンドウ，矩形窓，$N = 4$

　ソフトウェア起動時は $N = 4$ に設定されています。そのときの振幅特性はウィンドウ右側に示されるような形状となります。ここで，$\omega = 0$ を含む部分をメインローブ，それ以外の部分をサイドローブと呼びます。理想的な窓関数は周波数領域でインパルス信号になることですので，メインローブ幅が狭く，サイドローブの減衰量が大きいことが望まれます。図 4.27 のとおり，矩形窓ではメインローブの高さとサイドローブの高さにほとんど差がないため，インパルス信号とはかけ離れていることがわかります。矩形窓は，図 4.28 のように $N = 18$ に上

げても，メインローブとサイドローブの高さの差が大きくなりません。さらに，サイドローブの減衰量も全くといっていいほどとれません。そのため，切り出したインパルス応答で求めた振幅特性は，重み付け加算の効果が一番現れるカットオフ付近で大きなリプルが生じ，N を大きくしても，その大きさは小さくなりません。

　一方，メインローブ幅は N の増加とともに狭くなり，インパルス信号に近づいている様子がわかります。つまり，メインローブ幅とサイドローブの減衰量は相反する関係にあります。したがって，窓関数の選択の戦略としては，両方を目指すのではなく，いずれか一方はある程度許容することが求められます。大きなリプルの原因はサイドローブ減衰量にありますので，メインローブ幅が広がることは多少目をつぶって，許容することにします。

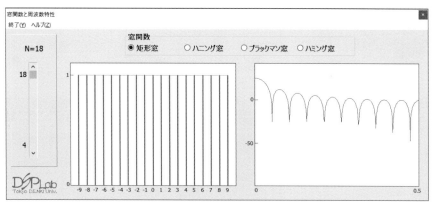

図 4.28　矩形窓，$N = 18$

4.4.2　ハニング窓

　矩形窓の欠点は，$h_{LPF,n}$ を $n = -N/2 \sim N/2$ でそのまま切り出すため，$n = -N/2$ と $n = N/2$ を超えると $h_{LPF,n}$ が突然消失することでした。「そのまま切り出す」ことは，周波数領域でメインローブ幅を狭め，インパルス信号に近づけることに貢献していますが，「突然の消失」はサイドローブの減衰量が十分に獲得できない要因となりました。そこで，メインローブ幅を犠牲にしてサイドローブの減衰量を獲得するために，そのまま切り出すことを捨て，$h_{LPF,n}$ はもともと有限長であったと言い張るための窓関数を使うことにします。

　インパルス応答がもともと有限長であることは，$n = -N/2$ と $n = N/2$ で値が 0 になることを要請しています。**ハニング窓**（Hanning window）$w_{HAN,n}$ はその要請に応える関数で，次式で定義されます。

$$w_{HAN,n} = 0.5 + 0.5 \cos\left(\frac{2\pi n}{N}\right), \ n = -N/2, \cdots, N/2 \tag{4.40}$$

ここで，記載はしていませんが，$n < -N/2$ と $n > N/2$ は 0 であるとします。図 4.29 のように，ラジオボタンでハニング窓を選択し，$n = -N/2$ と $n = N/2$ の値が 0 であることを確

認してください。ハニング窓はメインローブ幅を犠牲にしていますので，$N = 4$ のときは絶望的ですが，図 4.30 のように $N = 18$ に上げると，矩形窓よりもサイドローブ減衰量を獲得できていることが確認できます。

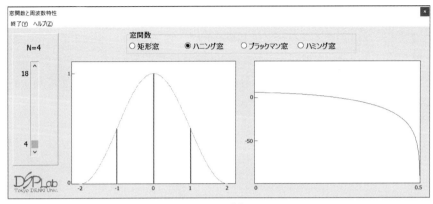

図 4.29　ハニング窓，$N = 4$

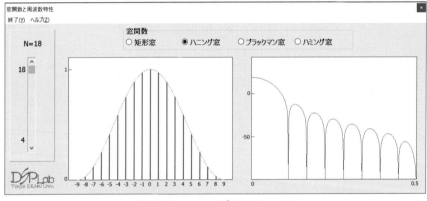

図 4.30　ハニング窓，$N = 18$

4.4.3　ブラックマン窓

　ハニング窓では，メインローブ幅を犠牲にしてサイドローブ減衰量を稼ぎました。ただし，図 4.30 のように $N = 18$ ではメインローブの最大値とサイドローブの最大値の差は 20[dB] 程度です。20[dB] の差では重み付け加算の際に周辺の値を 0.1 倍程度で加算するため，十分なリプル低減の効果が見込めない場合が想定されます。そこで，さらにメインローブ幅を犠牲にして高いサイドローブ減衰量の獲得を目指します。ただし，メインローブ幅の拡大によるフィルタ特性の劣化が伴うことに注意が必要です。

　時間領域でずっと同じスピードで振動している正弦波は，周波数領域では線スペクトルであるのに対し，時間領域で時刻 0 でのみ値を有するインパルス信号は周波数領域では全帯域に

成分をもちます。このように，時間領域の広がりと周波数領域の広がりは相反する関係にあります。そのため，メインローブ幅を太らせるためには，ハニング窓に比べ時間領域でややスリムにすればよいといえます。スリム化のために高調波を加えた窓関数が**ブラックマン窓**（Blackman window）$w_{BLK,n}$ で，次式で定義されます。

$$w_{BLK,n} = 0.42 + 0.5\cos\left(\frac{2\pi n}{N}\right) + 0.08\cos\left(\frac{4\pi n}{N}\right), \ n = -N/2, \cdots, N/2 \qquad (4.41)$$

図 4.30 で $N = 18$ のハニング窓を選択した状態で，図 4.31 のようにラジオボタンでブラックマン窓を選択してください。ハニング窓に比べ，ブラックマン窓が時間領域でスリムになる一方で，周波数領域でメインローブが太り，サイドローブ減衰量が増大する様子が見てとれます。この例では，メインローブの最大値とサイドローブの最大値の差が 60[dB] 程度ありますので，重み付け加算において周辺の値は 0.001 倍まで下がります。ただし，メインローブ幅が広がったため，最終的に得られるフィルタの遮断特性が鈍ることが予想されます。

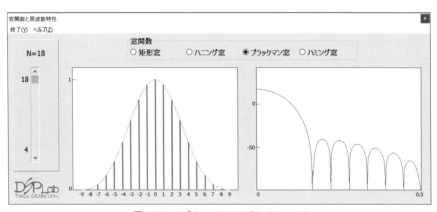

図 4.31 ブラックマン窓，$N = 18$

4.4.4　ハミング窓

メインローブ幅とサイドローブ減衰量はトレードオフの関係にあります。ブラックマン窓ほど高いサイドローブ減衰量は不要，もしくはある程度の減衰量は維持しつつメインローブ幅をハニング窓程度は確保したい場合を考えます。

ハニング窓で減衰量に限界がある理由は，$n = -N/2$ と $n = N/2$ の値が 0 のため，実質的な次数が下がるためです。そこで，ゆるやかな減少は維持しつつ，$n = -N/2$ と $n = N/2$ の値を 0 にせず，実質的な次数を N のまま維持し，周波数特性表現の自由度を向上することを考えます。このような考え方で，次式で定義される**ハミング窓**（Hamming window）$w_{HAM,n}$ が用いられます。

$$w_{HAM,n} = 0.54 + 0.46\cos\left(\frac{2\pi n}{N}\right), n = -N/2, \cdots, N/2 \qquad (4.42)$$

図 4.30 の $N = 18$ のハニング窓，または図 4.31 の $N = 18$ のブラックマン窓の状態で，ラジオボタンでハミング窓を選択すると，図 4.32 のようにハニング窓と比べ，メインローブ幅がやや広がり，ブラックマン窓と比べ，サイドローブ減衰量がやや低下する様子が観察できます。

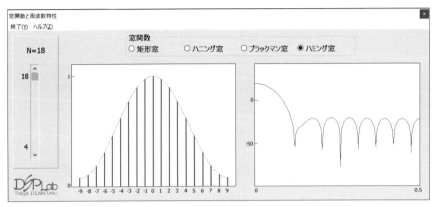

図 4.32　ハミング窓，$N = 18$

4.4.5　窓関数法による設計手順

　窓関数法による直線位相 FIR フィルタの設計手順は以下のとおりです。ここで，無限長インパルス応答をもつ理想的なフィルタ特性は，フィルタの種類に関係なく h_n^I，使用する窓関数は種類に関係なく w_n と記載します。なお，h_n^I の計算方法は 2.9 節を参照してください。

1. フィルタ次数 N，カットオフ周波数 f_c（カットオフ角周波数 ω_c）を与える。
2. 理想的フィルタのインパルス応答 h_n^I を $n = -N/2 \sim N/2$ の範囲で計算する。
3. 窓関数 w_n を $n = -N/2 \sim N/2$ の範囲で計算する。
4. h_n^I と w_n の積 $h_n' = w_n h_n^I$ を計算する。
5. h_n' を時間軸上で $N/2$ だけ移動して最終的な h_n を求める。

4.4.6　窓関数法による直線位相 FIR フィルタの設計例

　収録ソフトウェアの第 4 章フォルダの「窓関数法.exe」を起動してください。図 4.33 のウィンドウが現れます。このソフトウェアでは，窓関数法を用いて直線位相 FIR フィルタを設計し，振幅特性，インパルス応答，フィルタ係数を出力します。4.4.5 項で述べたとおりの手順で設計します。

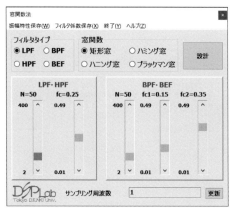

図 4.33 窓関数法.exe の起動ウィンドウ

　最初に次数 N，カットオフ周波数 f_c，フィルタの種類，窓関数を指定する必要がありますが，まずは特に何も変更せず 設計 ボタンを押してください。図 4.34 のウィンドウが現れ，左上部に振幅特性のリニア表示，真ん中上部に振幅特性のデシベル表示，右側にフィルタ係数値，下側にインパルス応答（フィルタ係数列）が表示されます。デフォルトの設定は，$N = 50$，$f_c = 0.25$ の LPF，矩形窓です。

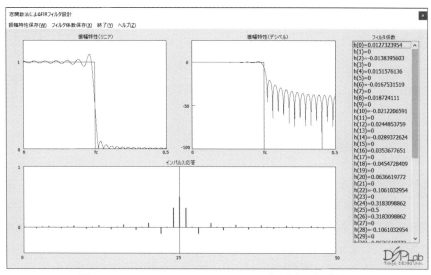

図 4.34　$N = 50$，$f_c = 0.25$，LPF，矩形窓の設計結果

　フィルタタイプ，N，f_c は変更せずに，図 4.35 のように窓関数を選択するラジオボタンで「ハニング窓」を選択すると，図 4.36 の結果が表示されます。矩形窓と比べて，カットオフ周波数付近の遮断特性を犠牲にする代わりに，リプルが大幅に低減でき，阻止域の減衰量も増加

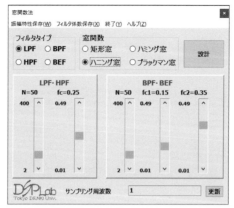

図 4.35　$N = 50$，$f_c = 0.25$，LPF，ハニング窓の設計条件

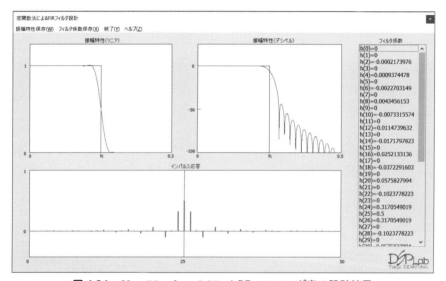

図 4.36　$N = 50$，$f_c = 0.25$，LPF，ハニング窓の設計結果

している様子がわかります。同様に，図 4.37 のようにラジオボタンで「ブラックマン窓」を選択すると，図 4.38 の結果が表示されます。ハニング窓と比べて，遮断特性は犠牲になりゆるやかな特性になりますが，通過域のリプルは全く気にならない程度になり，かつ阻止域減衰量が大幅に増大しています。図 4.39 のようにラジオボタンで「ハミング窓」を選択すると，図 4.40 の結果が表示されます。遮断特性はハニング窓と同程度で，ハニング窓とブラックマン窓の中間程度の阻止域減衰量が得られる様子がわかります。

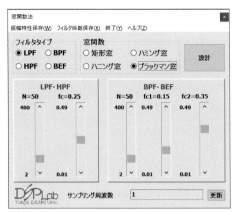

図 4.37 $N = 50$, $f_c = 0.25$, LPF, ブラックマン窓の設計条件

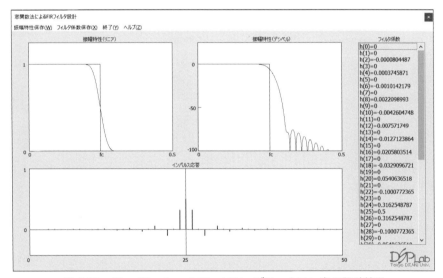

図 4.38 $N = 50$, $f_c = 0.25$, LPF, ブラックマン窓の設計結果

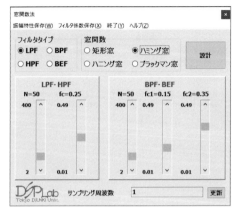

図 4.39 $N = 50$, $f_c = 0.25$, LPF, ハミング窓の設計条件

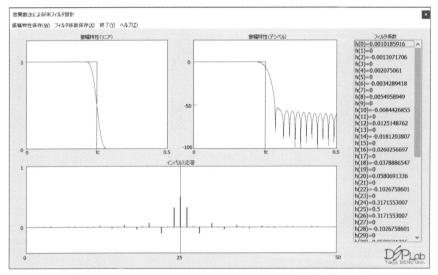

図 4.40 $N = 50$, $f_c = 0.25$, LPF, ハミング窓の設計結果

　次にファイルタイプを帯域通過フィルタ（BPF）に変更してみましょう。N, f_{c1}, f_{c2} はデフォルト値を用い，最初は図 4.41 のように矩形窓を用います。図 4.42 の結果が表示されます。同様に図 4.43 のハニング窓の条件に対して図 4.44 の設計結果，図 4.45 のブラックマン窓の条件に対して図 4.46 の設計結果，図 4.47 のハミング窓の条件に対して図 4.48 の設計結果が得られます。BPF では，カットオフ周波数が 2 か所あるため，窓関数によるインパルス応答打ち切りの効果が確認しやすくなります。

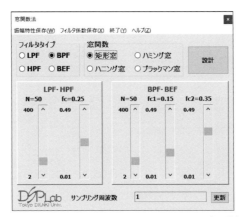

図 4.41 $N = 50$, $f_{c1} = 0.15$, $f_{c2} = 0.35$, BPF, 矩形窓の設計条件

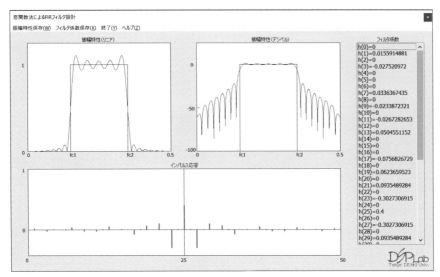

図 4.42 $N = 50$, $f_{c1} = 0.15$, $f_{c2} = 0.35$, BPF, 矩形窓の設計結果

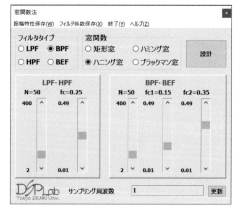

図 4.43　$N = 50$, $f_{c1} = 0.15$, $f_{c2} = 0.35$, BPF, ハニング窓の設計条件

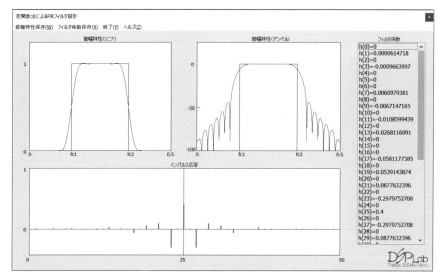

図 4.44　$N = 50$, $f_{c1} = 0.15$, $f_{c2} = 0.35$, BPF, ハニング窓の設計結果

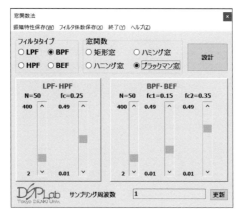

図 4.45 $N = 50$, $f_{c1} = 0.15$, $f_{c2} = 0.35$, BPF, ブラックマン窓の設計条件

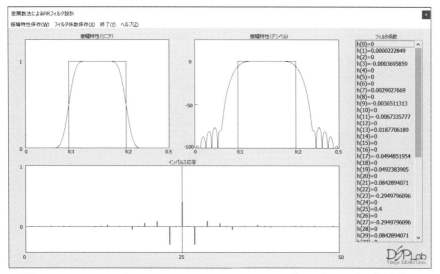

図 4.46 $N = 50$, $f_{c1} = 0.15$, $f_{c2} = 0.35$, BPF, ブラックマン窓の設計結果

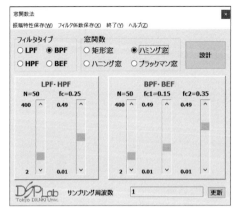

図 4.47 $N = 50$, $f_{c1} = 0.15$, $f_{c2} = 0.35$, BPF, ハミング窓の設計条件

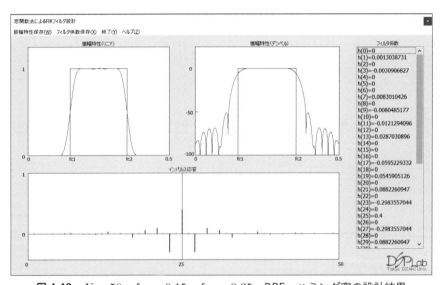

図 4.48 $N = 50$, $f_{c1} = 0.15$, $f_{c2} = 0.35$, BPF, ハミング窓の設計結果

　メニューバーから振幅特性のリニア表現とデシベル表現，フィルタ係数を保存できます。保存したフィルタ係数は，「FIR フィルタ.exe」でそのまま使用できます。

　このソフトウェアを通じて，さまざまな N やカットオフ周波数，窓関数，フィルタタイプについて設計を行い，窓関数法による設計を体験してください。窓関数法は実践的な設計法ですので，このソフトウェアの設計結果を実務に役立てていただければ幸甚です。

4.4.7　窓関数法の応用

　4.4.6 項で紹介した「窓関数法.exe」は，LPF，HPF，BPF，BEF の典型的なフィルタタイプに限定していました。実際の現場では，帯域ごとに異なるゲインを有するフィルタが必要と

なるケースがあるかと思います。全ての周波数で異なるゲイン特性の設計は難しいのですが，周波数軸を狭い帯域に切って，各帯域内のゲインは一定値と考えると，周波数軸上でカットオフ周波数が異なる BPF が複数個並んでいるとみなすことができます。直線位相特性に限定すれば，窓関数法で各 BPF を容易に設計できます。この考え方は，オーディオで用いられるグラフィック・イコライザと同様です。

周波数軸上で $f = 0 \sim 0.5$ を B 分割したとしましょう。帯域幅は $0.5/B$ です。各 BPF のカットオフ周波数 f_{c1}^b，f_{c2}^b，$b = 1, 2, \cdots, B$ は

$$f_{c1}^b = (b - 1) \times 0.5/B \tag{4.43}$$

$$f_{c2}^b = b \times 0.5/B \tag{4.44}$$

です。次数 N と f_{c1}^b，f_{c2}^b を与えて帯域 b で設計した BPF のインパルス応答を $h_{BPF,n}^b$ とすると，全体のインパルス応答 h_n は各 BPF のインパルス応答の和で表され，次式で求めます。

$$h_n = \sum_{b=1}^{B} h_{BPF,n}^b \tag{4.45}$$

回路構成は，$h_{BPF,n}^b$ をもつ FIR フィルタの並列接続として実現できます。

収録ソフトウェアの第 4 章フォルダの「窓関数法による任意特性 FIR フィルタ.exe」を起動してください。図 4.49 のウィンドウが現れます。このソフトウェアは，周波数軸を 10 分割（$B = 10$）し，ウィンドウ左下側のスクロールバーで各帯域のゲインを調整します。ゲインはウィンドウ左上側の振幅特性上に棒グラフで表示されます。ゲイン調整と同時に窓関数法で直線位相 FIR フィルタを設計し，棒グラフの上に設計結果をリニア表示，ウィンドウ右上側にデシベル表示，ウィンドウ右下側にインパルス応答を表示します。

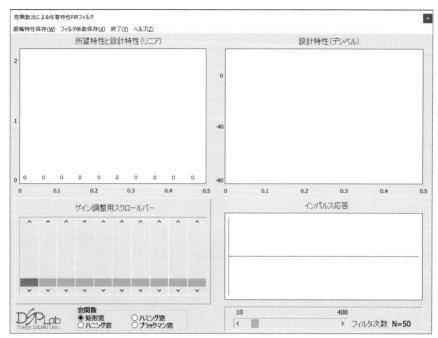

図 4.49 窓関数法による任意特性 FIR フィルタ.exe の起動ウィンドウ

　ウィンドウ左下側には使用する窓関数の選択ラジオボタン，ウィンドウ右下側にはフィルタ次数の調整用スクロールバーを設置しています。また，メニューバーから振幅特性，フィルタ係数を保存できます。

　$N = 150$ と設定した場合の設計例として，図 4.50 に矩形窓，図 4.51 にハニング窓，図 4.52 にブラックマン窓，図 4.53 にハミング窓を用いた場合の設計結果を示します。

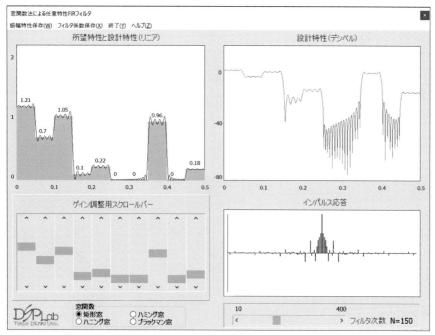

図 4.50 $N = 150$，矩形窓の設計結果

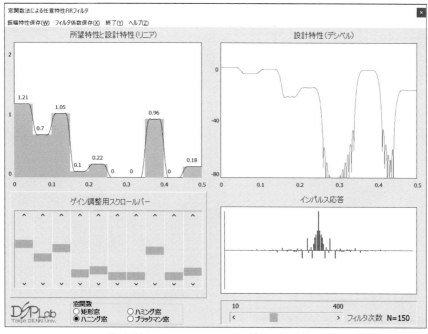

図 4.51 $N = 150$，ハニング窓の設計結果

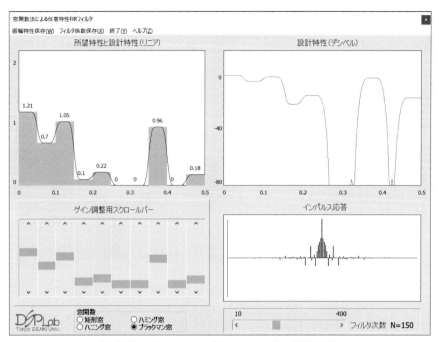

図 4.52 $N = 150$, ブラックマン窓の設計結果

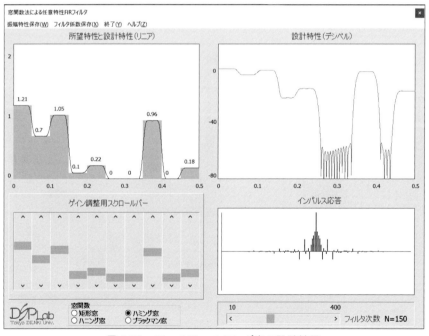

図 4.53 $N = 150$, ハミング窓の設計結果

4.5　最小 2 乗法による設計法

本節では，最小 2 乗法を用いた FIR フィルタの設計法を紹介します。4.4 節の窓関数法は実用性の高い設計法ですが，通過域から阻止域への遮断特性が用いる窓関数に依存します。急激な遮断特性が必要な場合は矩形窓が適していますが，阻止域減衰量を十分に確保できません。一方，高い阻止域減衰量を確保したい場合はブラックマン窓が適していますが，遮断特性はゆるくなります。

窓関数法は周波数軸上の全ての周波数で定義されている理想的な特性から導出される無限長のインパルス応答を，窓関数というツールを使って有限長のインパルス応答として切り出し，設計結果を近似的に得ようとする間接的なアプローチです。もともとディジタルフィルタ設計問題は近似問題ですが，全ての周波数でガチガチに近似しようと思うと，どこかに歪み（トレードオフ）が生じます。これが窓関数法が抱える問題の要因です。つまり，窓関数法は遊びのない近似を行っているわけです。

最小 2 乗法は，目標とする特性において，ある周波数帯域に遊びを設ける代わりに，近似したい周波数ではキチッと近似しようという直接的な設計法です。この遊びの帯域幅が遮断特性の鋭さをコントロールすると同時に，近似帯域で生じる誤差の一部を受け入れて，近似帯域での近似の自由度を向上します。

4.5.1　最小 2 乗法の考え方

設計目標特性を $D(\omega)$，実際の設計特性を $H(\omega)$，近似帯域を Ω とします。例えば，LPF の場合，窓関数法では $\Omega = [0, \pi]$ でしたが，ここでは $\Omega = [0, \omega_p] \cup [\omega_s, \pi]$ とします。ここで，$\cup$ は集合和を表しており，近似する角周波数 ω は $0 \sim \omega_p$ と $\omega_s \sim \pi$ に分けて考えるという意味になります。ω_p は通過域の終わりを表す角周波数で，**通過域端角周波数**と呼ばれ，$f_p = \omega_p/2\pi$ を**通過域端周波数**と呼びます。ω_s は阻止域の始まりを表す角周波数で，**阻止域端角周波数**と呼ばれ，$f_s = \omega_s/2\pi$ を**阻止域端周波数**と呼びます。近似帯域以外の $f_s - f_p$ の特性が遮断特性に該当し，この帯域を**遷移域**（transition band）といいます。遷移域では，目標特性の値を設定しません。その結果，この部分に遊びができます。

近似の良さを測る基準として，次式の 2 乗誤差 E を定義します。

$$E = \int_{\omega \in \Omega} \{D(\omega) - H(\omega)\}^2 d\omega \tag{4.46}$$

LPF の場合は

$$E = \int_{\omega \in \Omega_p} \{D(\omega) - H(\omega)\}^2 d\omega + \int_{\omega \in \Omega_s} \{D(\omega) - H(\omega)\}^2 d\omega \tag{4.47}$$

となります。ここで，$\Omega_p = [0, \omega_p]$，$\Omega_s = [\omega_s, \pi]$ を表します。E は，$D(\omega)$ と $H(\omega)$ の誤差の 2 乗和に相当します（定積分は和に該当）。つまり，誤差の面積を表していると考えてください。言うまでもなく，E が小さいほうが良い近似です。最小 2 乗法では，E を最小にするフィルタ係数を求めます。

本書で扱う E では，通過域と阻止域に次式のように重み $\alpha > 0$，$\beta > 0$ を設けます。

$$E = \alpha \int_{\omega \in \Omega_p} \{D(\omega) - H(\omega)\}^2 d\omega + \beta \int_{\omega \in \Omega_s} \{D(\omega) - H(\omega)\}^2 d\omega \tag{4.48}$$

2 乗誤差そのものは近似帯域 Ω 全体で評価しますが，α と β の大きさで通過域と阻止域の分配をコントロールします。$\alpha > \beta$ の場合は，通過域の 2 乗誤差が過大に評価されるため，設計した特性の通過域誤差は小さくなります。$\alpha < \beta$ の場合は，阻止域の 2 乗誤差が過大に評価されるために，設計した特性の阻止域誤差は小さくなり，阻止域減衰量が大きくなります。

E は 2 次関数ですので，フィルタ係数 h_n を横軸にとると E は放物線を描きます。h_n は $N + 1$ 個あるので，難しく言うと $N + 1$ 次元空間の放物面となりますが，下方に凹んだ形であることは変わりありません。E が最小となる場所は，凹んだ面の底ですので，その場所が求めるフィルタ係数です。E を最小にするフィルタ係数を $\hat{h}_n$ と表記し，これを最適解と呼ぶことにします。微分・積分の授業で習ったように，放物線の底では，傾きが 0 になることを思い出すと，最適解 $\hat{h}_n$ は次の連立方程式の解として求められます。

$$\frac{\partial E}{\partial h_n} = 0, \ n = 0, 1, \cdots, N \tag{4.49}$$

4.5.2　最小 2 乗法による直線位相 FIR フィルタの設計

最小 2 乗法による直線位相 FIR フィルタの設計について考えましょう。フィルタタイプとして LPF を考えます。直線位相 FIR フィルタの場合，位相特性は $\angle H(\omega) = -(N/2)\omega$ で固定のため，振幅特性の近似のみ考えます。

目標特性 $D(\omega)$ は

$$D(\omega) = \begin{cases} 1, & 0 \leq \omega \leq \omega_p \\ 0, & \omega_s \leq \omega \leq \pi \end{cases} \tag{4.50}$$

であり，設計特性 $H(\omega)$ は

$$H(\omega) = \sum_{k=0}^{N/2} a_k \cos k\omega \tag{4.51}$$

です。ここで，$a_0 = h_{N/2}$，$a_k = 2h_{N/2-k}$，$k = 1, 2, \cdots, N/2$ です。2 乗誤差 E は

$$E = \alpha \int_0^{\omega_p} \left\{ 1 - \sum_{k=0}^{N/2} a_k \cos k\omega \right\}^2 d\omega + \beta \int_{\omega_s}^{\pi} \left\{ \sum_{k=0}^{N/2} a_k \cos k\omega \right\}^2 d\omega \tag{4.52}$$

となります。E を最小化する最適解 $\hat{a}_k$ は

$$\frac{\partial E}{\partial a_k} = 0, \ k = 0, 1, \cdots, N/2 \tag{4.53}$$

を満たす解となります。$\hat{a}_k$ の導出はかなり面倒ですが，世の中に丁寧な書籍がたくさん出回っている一般的な最小 2 乗法の導出と同様ですので，ここでは省略し，結果のみ示します。

$\hat{a}_k, \ k = 0, 1, \cdots, N/2$ は次の連立方程式の解となります。

$$\begin{aligned}
Q_{0,0}\hat{a}_0 + Q_{0,1}\hat{a}_1 + \cdots + Q_{0,N/2}\hat{a}_{N/2} &= p_0 \\
Q_{1,0}\hat{a}_0 + Q_{1,1}\hat{a}_1 + \cdots + Q_{1,N/2}\hat{a}_{N/2} &= p_1 \\
&\vdots \qquad \vdots \\
Q_{N/2,0}\hat{a}_0 + Q_{N/2,1}\hat{a}_1 + \cdots + Q_{N/2,N/2}\hat{a}_{N/2} &= p_{N/2}
\end{aligned} \tag{4.54}$$

ここで，

$$Q_{n,m} = \int_0^{\omega_p} \alpha \cos n\omega \cos m\omega d\omega + \int_{\omega_s}^{\pi} \beta \cos n\omega \cos m\omega d\omega \tag{4.55}$$

$$p_n = \int_0^{\omega_p} \alpha \cos m\omega d\omega \tag{4.56}$$

です。$Q_{n,m}$ は $n \neq m$ の場合，

$$\begin{aligned}
Q_{n,m} = {}&\frac{\alpha}{2} \cdot \frac{\sin(n+m)\omega_p}{n+m} + \frac{\alpha}{2} \cdot \frac{\sin(n-m)\omega_p}{n-m} \\
&- \frac{\beta}{2} \cdot \frac{\sin(n+m)\omega_s}{n+m} - \frac{\beta}{2} \cdot \frac{\sin(n-m)\omega_s}{n-m}
\end{aligned} \tag{4.57}$$

$n = m, n \neq 0, m \neq 0$ の場合，

$$Q_{n,n} = \frac{\alpha}{2} \cdot \left(\frac{\sin 2n\omega_p}{2n} + \omega_p \right) - \frac{\beta}{2} \cdot \frac{\sin 2n\omega_s}{2n} + \frac{\beta}{2} \cdot (\pi - \omega_s) \tag{4.58}$$

$n = m = 0$ の場合，

$$Q_{0,0} = \alpha\omega_p + \beta(\pi - \omega_s) \tag{4.59}$$

となります。一方，p_n は $n \neq 0$ の場合，

$$p_n = \alpha \cdot \frac{\sin n\omega_p}{n}, \ n = 1, 2, \cdots, N/2 \tag{4.60}$$

$n = 0$ の場合，

$$p_0 = \alpha\omega_p \tag{4.61}$$

となります。

最小 2 乗法による直線位相 FIR フィルタの設計手順は以下のとおりです。

1. 設計仕様として，N，$\omega_p(f_p)$，$\omega_s(f_s)$，α，β を与える。
2. $Q_{n,m}$，p_n を計算する。
3. (4.54) 式の連立方程式を解き，$\hat{a}_k$，$k = 0, 1, \cdots, N/2$ を求める。
4. $\hat{a}_k$ からフィルタ係数 $\hat{h}_k$ を求める。

連立方程式の解法には，掃き出し法などを用います。

4.5.3　最小 2 乗法による直線位相 FIR フィルタの設計例

収録ソフトウェアの第 4 章フォルダの「最小 2 乗法.exe」を起動してください。図 4.54 の
ウィンドウが現れます。このソフトウェアでは，最小 2 乗法で直線位相 FIR フィルタを設計
します。直線位相 FIR フィルタの設計で設定しているのは，ウィンドウ左上のパネル内のス
クロールバーのうち，N，α，β，f_p，f_s です。

図 4.54　最小 2 乗法.exe の起動ウィンドウ

まずは，特に設定を変更せずに 直線位相設計 ボタンを押してください。図 4.55 の設計結果が
表示されます。設計仕様は $N = 10$，$\alpha = 1$，$\beta = 1$，$f_p = 0.2$，$f_s = 0.25$ です。ウィンドウ
上部左側に振幅特性のリニア表示，下部左側に振幅特性のデシベル表示，上部右側に通過域の
振幅特性のリニア表示，下部右側に通過域の群遅延特性を表示しています。また，ウィンドウ
右側にはフィルタ係数値を表示しています。振幅特性には，周波数軸上で f_p と f_s の場所に，
振幅軸上で振幅値が 1 の場所にマーカーを表示しています。設定した f_p，f_s のところに遮断
特性が形成されているのがわかります。また，直線位相特性ですので，群遅延特性は一定値と

なります。

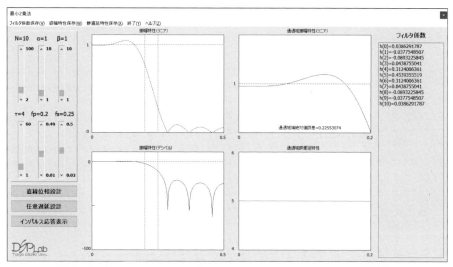

図 4.55 $N = 10$, $\alpha = 1$, $\beta = 1$, $f_p = 0.2$, $f_s = 0.25$ の設計結果

N だけ $N = 50$ と増加し，設計すると図 4.56 の設計結果が得られます。次数を増加すると，遮断特性をはっきりうかがうことができ，通過域誤差が低減するとともに，阻止域減衰量が大幅に増加していることがわかります。

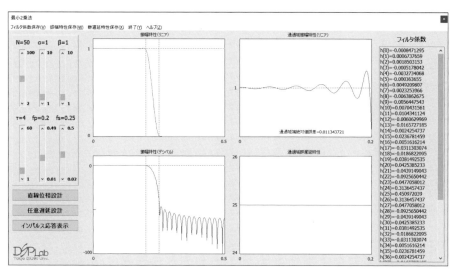

図 4.56 $N = 50$, $\alpha = 1$, $\beta = 1$, $f_p = 0.2$, $f_s = 0.25$ の設計結果

$N = 50$ のままで f_p を $f_p = 0.15$ に変更し，設計すると図 4.57 の設計結果が得られます。このように遷移域幅を広げると，通過域誤差が低減し，阻止域減衰量が増大します。したがっ

て，遷移域は許される範囲で最大にとることが推奨されます。

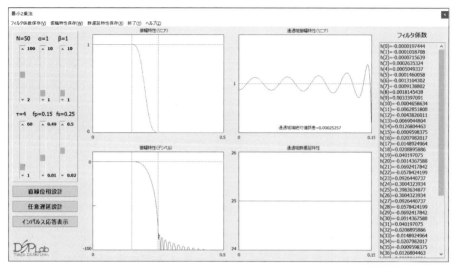

図 4.57 $N = 50$，$\alpha = 1$，$\beta = 1$，$f_p = 0.15$，$f_s = 0.25$ の設計結果

今度は，f_p を $f_p = 0.2$ に戻して，α を $\alpha = 10$ に変更し，設計すると図 4.58 の設計結果が得られます。この場合，通過域の 2 乗誤差が阻止域の 2 乗誤差の 10 倍の重みで評価されるため，設計される特性では通過域誤差が阻止域誤差より小さくなります。その結果，通過域誤差は $\alpha = 1$ のときと比べて，半分程度に小さくなりますが，軽く見られた阻止域は減衰量が低下します。

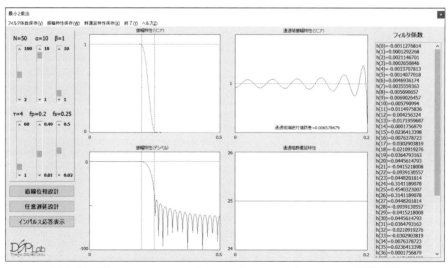

図 4.58 $N = 50$，$\alpha = 10$，$\beta = 1$，$f_p = 0.2$，$f_s = 0.25$ の設計結果

α を $\alpha = 1$ に戻して，β を $\beta = 10$ に変更し，設計すると図 4.59 の設計結果が得られます。今度は阻止域の 2 乗誤差が通過域の 2 乗誤差の 10 倍の重みで評価されるため，設計される特性では阻止域誤差が通過域誤差より小さくなります。その結果，通過域誤差が $\beta = 1$ のときと比べて 2 倍程度に大きくなる反面，阻止域減衰量は増大します。

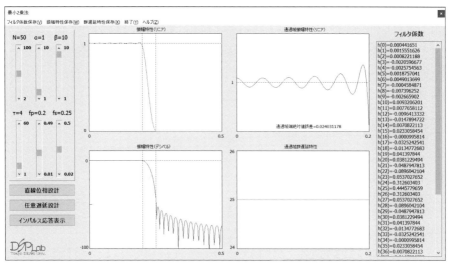

図 4.59 $N = 50$, $\alpha = 1$, $\beta = 10$, $f_p = 0.2$, $f_s = 0.25$ の設計結果

インパルス応答表示 ボタンを押すと，図 4.60 のように別ウィンドウが現れ，インパルス応答が表示されます。また，フィルタ係数，振幅特性，群遅延特性はメニューバーから保存できます。

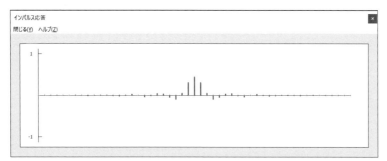

図 4.60 $N = 50$, $\alpha = 1$, $\beta = 10$, $f_p = 0.2$, $f_s = 0.25$ のインパルス応答

N, α, β, f_p, f_s を動かして，設計特性の違いを体験し，設計仕様に対する設計特性のイメージを体得してください。

4.5.4 最小2乗法による任意遅延FIRフィルタの設計

前項の直線位相FIRフィルタの設計例で見たように，急峻な遮断特性を実現するためには比較的高い次数が必要となります。次数 N の直線位相FIRフィルタの場合，群遅延特性が $N/2$ に一意に決まります。これは，設計問題から位相特性の設計を免除するという利点がある反面，急峻な特性では自動的に群遅延が大きくなるという縛りがつきまといます。

群遅延を気にしない応用では，波形保存の効く直線位相特性がお手頃ですが，遅延が問題になる応用では，直線位相特性にかかわらず，任意に遅延を指定できることが望まれます。ただし，最大限波形保存を維持できるように，近似的な直線位相特性の設計を目指します。

任意遅延 τ をもつ所望特性 $D(\omega)$ を

$$D(\omega) = \begin{cases} e^{-j\omega\tau} = \cos\omega\tau - j\sin\omega\tau, & 0 \leq \omega \leq \omega_p \\ 0, & \omega_s \leq \omega \leq \pi \end{cases} \tag{4.62}$$

と定義します。$D(\omega)$ は通過域でゲインが1で群遅延が τ の低域通過フィルタを表します。直線位相特性ではありませんので，設計特性も

$$H(\omega) = \sum_{k=0}^{N} h_k e^{-jk\omega} = \sum_{k=0}^{N} h_k \cos k\omega - j\sum_{k=0}^{N} h_k \sin k\omega \tag{4.63}$$

と表します。

$D(\omega)$ と $H(\omega)$ の2乗誤差 E は

$$E = \alpha \int_0^{\omega_p} \left\{ e^{-j\omega\tau} - H(\omega) \right\}^2 d\omega + \beta \int_{\omega_s}^{\pi} \left\{ H(\omega) \right\}^2 d\omega \tag{4.64}$$

$$= \alpha \int_0^{\omega_p} \left(\cos\omega\tau - \sum_{k=0}^{N} h_k \cos k\omega \right)^2 d\omega + \alpha \int_0^{\omega_p} \left(\sin\omega\tau - \sum_{k=0}^{N} h_k \sin k\omega \right)^2 d\omega$$

$$+ \beta \int_{\omega_s}^{\pi} \left(\sum_{k=0}^{N} h_k \cos k\omega \right)^2 d\omega + \beta \int_{\omega_s}^{\pi} \left(\sum_{k=0}^{N} h_k \sin k\omega \right)^2 d\omega \tag{4.65}$$

となります。一見，複雑そうですが，直線位相特性のときの1が $\cos\omega\tau$ と $\sin\omega\tau$ に変わっただけです。E を最小にするフィルタ係数 $\hat{h}_k,\ k = 0, 1, \cdots, N$ は，次の連立方程式を満たす解となります。

$$\frac{\partial E}{\partial h_k} = 0,\ k = 0, 1, \cdots, N \tag{4.66}$$

さらっと書いていますが，直線位相設計と比べて方程式の数が2倍になっているのは要注意です。

$\hat{h}_k$ は次の連立方程式の解となります。

$$Q_{0,0}\hat{h}_0 + Q_{0,1}\hat{h}_1 + \cdots + Q_{0,N}\hat{h}_N = p_0$$
$$Q_{1,0}\hat{h}_0 + Q_{1,1}\hat{h}_1 + \cdots + Q_{1,N}\hat{h}_N = p_1$$
$$\vdots \qquad \vdots$$
$$Q_{N,0}\hat{h}_0 + Q_{N,1}\hat{h}_1 + \cdots + Q_{N,N}\hat{h}_N = p_N$$

(4.67)

ここで，$Q_{n,m}$ は

$$Q_{n,m} = \alpha \cdot \frac{\sin(n-m)\omega_p}{n-m} - \beta \cdot \frac{\sin(n-m)\omega_p}{n-m}$$

(4.68)

です。$n = m$ のときは不定形となりますので，ロピタルの定理を適用して

$$Q_{n,n} = \alpha\omega_p + \beta(\pi - \omega_s)$$

(4.69)

となります。一方，p_n は

$$p_n = \alpha \cdot \frac{\sin\omega_p(\tau - n)}{\tau - n}$$

(4.70)

です。$n = \tau$ の場合は，不定形となりますので，ロピタルの定理を適用して

$$p_n = \alpha\omega_p$$

(4.71)

となります。

最小 2 乗法による任意遅延 FIR フィルタの設計手順は，以下のとおりです。

1. 設計仕様として，N，τ，$\omega_p(f_p)$，$\omega_s(f_s)$，α，β を与える。

2. $Q_{n,m}$，p_n を計算する。

3. (4.67) 式の連立方程式を解き，$\hat{h}_k$，$k = 0, 1, \cdots, N$ を求める。

4.5.5 最小 2 乗法による任意遅延 FIR フィルタの設計例

4.5.3 項と同様に最小 2 乗法.exe を起動し，ウィンドウ左側の設計仕様は動かさずに，[任意遅延設計] ボタンを押してください。図 4.61 の設計結果が表示されます。このフィルタの設計仕様は，$N = 10$，$\tau = 4$，$\alpha = 1$，$\beta = 1$，$f_p = 0.2$，$f_s = 0.25$ です。$N = 10$ の場合，直線位相設計では群遅延は $\tau = 10/2 = 5$ で周波数によらず一定となりますが，この設計例のように非直線位相ではウィンドウ下部右側のように群遅延特性も $\tau = 4$ に対する近似特性となります。図 4.55 の直線位相設計の結果と比べると，通過域の拘束条件がきつくなったため，通過域誤差が大きくなります。

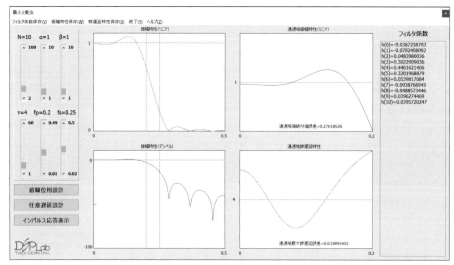

図 4.61 $N = 10,\ \tau = 4,\ \alpha = 1,\ \beta = 1,\ f_p = 0.2,\ f_s = 0.25$ の設計結果

　近似的な直線位相特性を目指していますので，設計結果は窓関数法と同様に理想的なインパルス応答を長さ $N+1$ で打ち切り，任意遅延 τ だけ移動することに相当すると考えられます。インパルス応答表示 ボタンを押すと，図 4.62 のようにインパルス応答のピークが $n = 4$ に現れており，この想定が正しいことが確認できます。

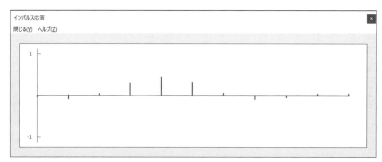

図 4.62 $N = 10,\ \tau = 4,\ \alpha = 1,\ \beta = 1,\ f_p = 0.2,\ f_s = 0.25$ のインパルス応答

　任意に遅延を設定できるようになりましたが，通過域に τ の拘束条件が付加されているため，設計問題は複雑化しています。例えば，設計条件のうち，N のみを $N = 16$ に変更し，設計すると図 4.63 の設計結果が得られます。N が増加しているため，通過域誤差は低減されますが，直線位相設計なら $\tau = 8$ の遅延が許されるところを，$\tau = 4$ しか許さないと言っているため，群遅延誤差は増大します。τ を $\tau = 6$ と変更し，設計すると図 4.64 のように群遅延誤差が低減されますが，その反動で通過域誤差が大きくなります。

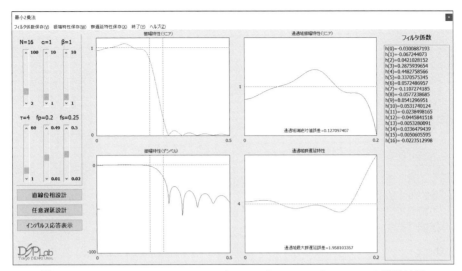

図 4.63 $N = 16$, $\tau = 4$, $\alpha = 1$, $\beta = 1$, $f_p = 0.2$, $f_s = 0.25$ の設計結果

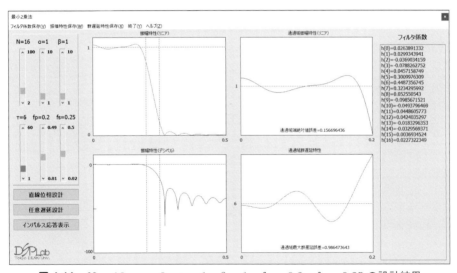

図 4.64 $N = 16$, $\tau = 6$, $\alpha = 1$, $\beta = 1$, $f_p = 0.2$, $f_s = 0.25$ の設計結果

　設計仕様が設計結果に与える傾向は，直線位相設計と同様に確認できます。α を $\alpha = 10$ と変更し，設計すると図 4.65 のように通過域リプル，群遅延誤差ともに低減できますが，阻止域減衰量が低下します。さらに，f_s を $f_s = 0.3$ に変更し，設計すると図 4.66 のように阻止域減衰量が増大しますが，遮断特性はゆるやかになります。このように，N，τ，α，β，f_p，f_s の設定値は設計結果に密接に関連します。このソフトウェアを用いて，いろいろな設計仕様の設計を体験し，設計仕様に対する設計結果のイメージを体得してください。

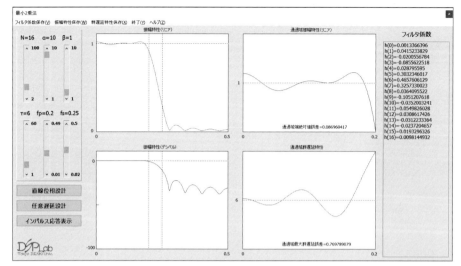

図 4.65 $N = 16,\ \tau = 6,\ \alpha = 10,\ \beta = 1,\ f_p = 0.2,\ f_s = 0.25$ の設計結果

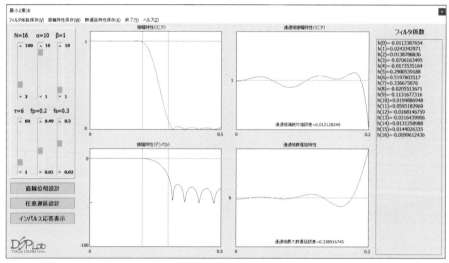

図 4.66 $N = 16,\ \tau = 6,\ \alpha = 10,\ \beta = 1,\ f_p = 0.2,\ f_s = 0.3$ の設計結果

4.6 フィルタ係数量子化の効果

　ディジタルフィルタの実装スタイルは，パソコンによるソフトウェア処理，マイコンによるソフトウェア処理，論理回路によるハードウェア処理などが考えられます。現在のパソコンには 64 ビット CPU が搭載されていることが多く，フィルタ係数や演算処理はもはや有限ビット長による誤差を考えなくてよいと言えます。

　一方，マイコンや論理回路では，コストや実装面積に制限のある応用を想定しているケースが多いため，ビット長もぎりぎりまで節約することが求められます。当然のことながら，ビット長をケチるとフィルタの性能は劣化します。そのため，フィルタ係数を有限ビット長に量子化した際のフィルタの特性について把握することは重要なポイントになります。

　ここでは，フィルタ係数 $h_k = 0.78125$ を固定小数点で表すことを考えます。h_k を 2 進数で表すと $(0.11001)_2$ となります。この表現を求めるために h_k を

$$h_k = 1 \times 2^{-1} + 1 \times 2^{-2} + 0 \times 2^{-3} + 0 \times 2^{-4} + 1 \times 2^{-5} \tag{4.72}$$

と分解して考えます。上式右辺の第 1 項から順に 2 のべき乗の乗数を並べたものが 2 進数に対応します。これを取り出すために，h_k を 2 倍すると

$$2h_k = 1 \times 2^0 + 1 \times 2^{-1} + 0 \times 2^{-2} + 0 \times 2^{-3} + 1 \times 2^{-4} = 1.5625 \tag{4.73}$$

となりますので，小数点の左側の 1 を取り出します。次に 1 を引いた 0.5625 を 2 倍すると

$$2 \times 0.5625 = 1 \times 2^0 + 0 \times 2^{-1} + 0 \times 2^{-2} + 1 \times 2^{-3} = 1.125 \tag{4.74}$$

となりますので，小数点の左側の 1 を取り出し，1 を引きます。さらに 2 倍すると

$$2 \times 0.125 = 0 \times 2^0 + 0 \times 2^{-1} + 1 \times 2^{-2} = 0.25 \tag{4.75}$$

となりますので，小数点の左側の 0 を取り出します。さらに 2 倍すると

$$2 \times 0.25 = 0 \times 2^0 + 1 \times 2^{-1} = 0.5 \tag{4.76}$$

となりますので，小数点の左側の 0 を取り出します。次に 2 倍すると

$$2 \times 0.5 = 1 \times 2^0 = 1.0 \tag{4.77}$$

となりますので，小数点の左側の 1 を取り出し，1 を引きます。そうすると 0 になり，全ての 2 のべき乗の乗数が取り出せました。これを順番に並べると

$$h_k = (0.11001)_2 \tag{4.78}$$

が得られます。このように，小数を 10 進数から 2 進数に変換するためには 2 倍して 1 未満であれば 0 を記録してさらに 2 倍を繰り返し，2 倍して 1 以上であれば 1 を記録し，1 を差し引いたものをさらに 2 倍してを繰り返せばよいことになります。ただし，全ての小数が有限長の 2 進数で表現できるわけではありません。例えば，10 進数の $(0.1)_{10}$ を考えると，

$$(0.1)_{10} = (0.00011001100110011\cdots)_2 \tag{4.79}$$

となり，小数点以下 2 桁目以降は 0011 を無限に繰り返します。そのため，マイコンや論理回路に実装する際には，有限ビット長で打ち切ります。フィルタ係数自体，もともと無限と考えてもよい長さで設計されていますので，表現可能なビット長で打ち切る必要があります。

　収録ソフトウェアの第 4 章フォルダの「係数量子化.exe」を起動してください。図 4.67 のウィンドウが現れます。このソフトウェアは，窓関数法で設計した次数 N の直線位相 FIR フィルタのフィルタ係数をビット長 $BITS$ で量子化したときの振幅特性を表示します。直線位相 FIR フィルタの場合，インパルス応答の対称性さえ成立すれば，直線位相特性は維持できるため，係数量子化の影響を受けるのは振幅特性のみです。

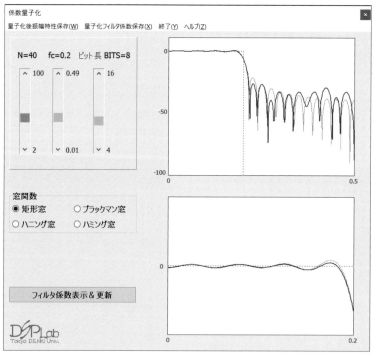

図 4.67　係数量子化.exe の起動ウィンドウ（$N = 40$，$f_c = 0.2$，$BITS = 8$，矩形窓）

　起動時は，次数 $N = 40$，カットオフ周波数 $f_c = 0.2$，ビット長 $BITS = 8$ に設定されています。ウィンドウ右側上部に量子化前後の振幅特性全体，ウィンドウ右側下部に量子化前後の

通過域特性をデシベル表示しています。$BITS = 8$ の場合，矩形窓では大きな劣化が生じていません。

　一方，図 4.68 のハニング窓，図 4.69 のブラックマン窓，図 4.70 のハミング窓では量子化前後で大きな劣化が見られます。これは，インパルス応答がゆるやかに減衰するように窓関数を乗算したため，フィルタ係数値が小さくなり，$BITS = 8$ では表せない数値になったためです。

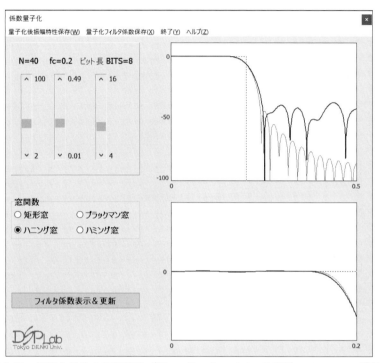

図 4.68　量子化前後の振幅特性（$N = 40$, $f_c = 0.2$, $BITS = 8$, ハニング窓）

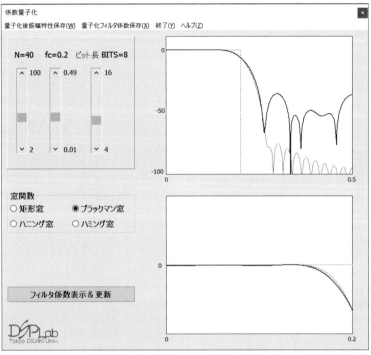

図 4.69 量子化前後の振幅特性（$N = 40$, $f_c = 0.2$, $BITS = 8$, ブラックマン窓）

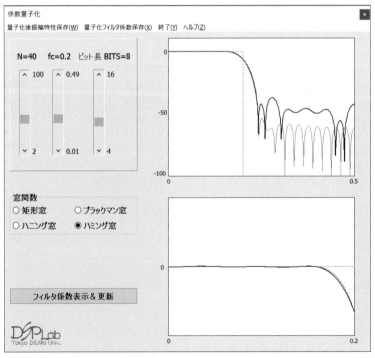

図 4.70 量子化前後の振幅特性（$N = 40$, $f_c = 0.2$, $BITS = 8$, ハミング窓）

フィルタ係数表示&更新 ボタンを押して，フィルタ係数値を確認します。矩形窓の場合は，図 4.71 のように $h_1 \sim h_4$ も係数量子化後にも値が残っているのに対し，ハニング窓の場合は，図 4.72 のように，それらの値は全て 0 となり，実質的な次数を下げています。しかしながら，係数量子化後も矩形窓に比べて十分な阻止域減衰量を確保できていますので，$BITS = 8$ でも実用上問題ないといえます。この傾向は，次数 N を $N = 100$ まで増加した図 4.73 と図 4.74 を比較しても同様です。

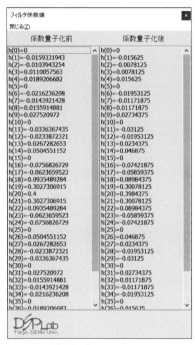

図 4.71 量子化前後のフィルタ係数（$N = 40$, $f_c = 0.2$, $BITS = 8$, 矩形窓）

図 4.72 量子化前後のフィルタ係数（$N = 40$, $f_c = 0.2$, $BITS = 8$, ハニング窓）

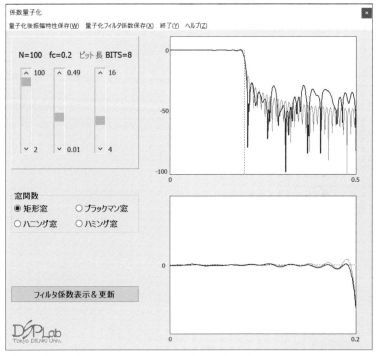

図 4.73 量子化前後の振幅特性（$N = 100$, $f_c = 0.2$, $BITS = 8$, 矩形窓）

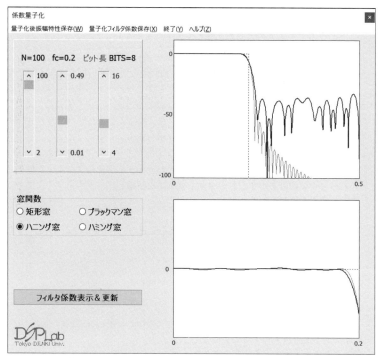

図 4.74 量子化前後の振幅特性（$N = 100$，$f_c = 0.2$，$BITS = 8$，ハニング窓）

　$BITS$ を増加すれば，量子化前の特性に近くなるのは当たり前ですが，どの程度の $BITS$ を設定すべきかは，想定している応用によります。このソフトウェアで N，f_c，$BITS$，窓関数を調整して，ふさわしい $BITS$ を見つけてください。

コラム 3　平均化フィルタの出力計算をトレーニングしよう！

　平均化フィルタは，作りは単純ですが，ノイズ除去効果の高い FIR フィルタでした。そのため，出力信号を 1 つ 1 つ追いかけながら計算し，出力信号波形を観察すると，平均化フィルタの効果の理解が深まります。

　収録ソフトウェアの第 4 章フォルダ内の「平均化フィルタの出力計算.exe」を起動すると，図 C3.1 のウィンドウが現れます。このソフトウェアでは，ウィンドウ上側に表示されている入力信号に対して 4 次の平均化フィルタ操作を行った結果をウィンドウ下側に表示します。

　全ての出力信号値を入力した後，解答チェック！ボタンを押します。全て正解の場合は図 C3.2 のように表示され，個々の計算結果が正解であるだけでなく，出力波形から平均化フィルタが低域通過フィルタとして動作していることが確認できます。このソフトウェアを活用して，平均化フィルタの動作を体得しましょう。

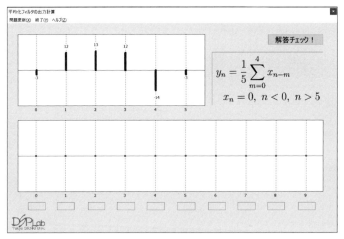

図 C3.1　平均化フィルタの出力計算.exe の起動ウィンドウ

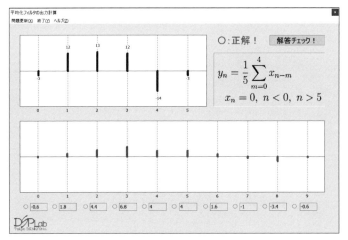

図 C3.2　正解時の表示

Appendix

付　録

付録A　WAVファイルを扱おう

　本書で提供するソフトウェアは，処理対象の信号として音声信号を想定しており，音声信号の入出力方法の1つがWAVファイルを用いることです。本書では音声ファイルフォーマットとして，リニアPCMのWAVファイルを用います。リニアPCMはA/D変換での量子化時に一定の量子化幅を用いる変換です。

　WAVファイルでは，ファイルヘッダ部分に表A.1に示すようなWAVファイルに関する情報が記録されており，その後に波形データが続きます。

表A.1　WAVファイルのヘッダフォーマット

バイト数	先頭からのバイト数	データ
4	4	文字列 'R' 'I' 'F' 'F'
4	8	これ以降のファイルサイズ（全体のファイルサイズ −8）
4	12	文字列 'W' 'A' 'V' 'E'
4	16	文字列 'f' 'm' 't' ' '（最後のスペースも含むことに注意）
4	20	この後のファイル情報のバイト数（リニアPCMなら16）
2	22	フォーマットID（リニアPCMなら1）
2	24	チャンネル数（モノラルなら1，ステレオなら2）
4	28	サンプリング周波数
4	32	データレート（1秒間あたりのバイト数）
2	34	ブロックサイズ（1サンプルあたりのバイト数）
4	38	文字列 'd' 'a' 't' 'a'
4	42	波形データのバイト数

　本書で扱う音声ファイルは1サンプルを16ビット（2バイト）で表現することを想定しています。そのため，例えばサンプリング周波数が44,100[Hz]の音声信号の場合，データレートはモノラルであれば

$$44,100 \times 2 = 88,200 \,[\text{バイト/s}] \tag{A.1}$$

ステレオであれば

$$44,100 \times 2 \times 2 = 176,400 \,[\text{バイト/s}] \tag{A.2}$$

となります。波形データはモノラルの場合，時刻ごとに先頭から順番に，ステレオの場合時刻ごとに左チャンネル，右チャンネルの順番で記録されています。

　C言語で記述する場合は，2バイトデータはshort intサイズで定義できます。表A.1の

ヘッダ情報は構造体として定義すると便利です。付属ソフトウェアの作成時はヘッダファイル wavfile.h において，リスト A.1 のように構造体 WAVFILE を定義しています。

リスト A.1

```
// WAVファイルヘッダ用構造体の定義
struct WAVFILE{
    char RIFF[4]; // RIFFという文字列用
    char WAVE[4]; // WAVEという文字列用
    char fmt[4]; // fmtという文字列用
    char DATA[4]; // dataという文字列用
    int  riff_size; // ファイルサイズ
    int  fmt_chnk; // fmtチャンクのサイズ（16バイト）
    short int fmt_id; // フォーマットコード（PCMなら1）
    short int ch_num; // チャンネル数（モノラルは1，ステレオは2）
    int sampling_freq; // サンプリング周波数
    int trans_rate; // 1秒間あたりのバイト数（転送速度）
    short int block_size; // 1サンプルあたりのバイト数
                          // （ステレオの場合1サンプルのバイト数×2）
    short int sample_bits; // 1サンプルのビット数
    int data_size; // データサイズ（バイト数）
};
```

ヘッダ情報を読み取るために，まず，次のように構造体 WAVFILE 型の変数を定義します。

```
struct WAVFILE wav_in; // 構造体WAVFILEの変数wav_inの定義
```

このように定義した変数を用いてヘッダ情報を読み取るために，wavfile.h 内で WAV_HEADER_READ 関数をリスト A.2 のように定義しています。

リスト A.2

```
// WAVファイルオープン関数，関数の型を構造体で定義し，
// 関数内部で読み込んだヘッダ情報を戻り値にする
struct WAVFILE WAV_HEADER_READ(FILE *fp){

    struct WAVFILE wavfile; // 関数の戻り値の定義

    fread(wavfile.RIFF,sizeof(char),4,fp); // RIFFの4文字
```

```
    // 総ファイルサイズ- (RIFF+riff_size)
    fread(&wavfile.riff_size,sizeof(int),1,fp);
    fread(wavfile.WAVE,sizeof(char),4,fp); // WAVEの4文字
    // fmtの3文字（4バイト，最後のスペースも含む）
    fread(wavfile.fmt,sizeof(char),4,fp);
    // fmtチャンクサイズ（チャンク部分の大きさ；16）
    fread(&wavfile.fmt_chnk,sizeof(int),1,fp);
    // フォーマットコード（PCMの場合は1）
    fread(&wavfile.fmt_id,sizeof(short int),1,fp);
    // チャンネル数（モノラルは1，ステレオは2）
    fread(&wavfile.ch_num,sizeof(short int),1,fp);
    // サンプリング周波数
    fread(&wavfile.sampling_freq,sizeof(int),1,fp);
    // データレート
    fread(&wavfile.trans_rate,sizeof(int),1,fp);
    // 1ブロックあたりのバイト数
    // モノラルは1サンプル，ステレオは1サンプル×2
    fread(&wavfile.block_size,sizeof(short int),1,fp);
    // 量子化ビット数
    fread(&wavfile.sample_bits,sizeof(short int),1,fp);
    fread(wavfile.DATA,sizeof(char),4,fp); // dataの4文字
    // 波形データのデータサイズ
    fread(&wavfile.data_size,sizeof(int),1,fp);

    return wavfile; // 構造体wavfile，つまりヘッダ情報を戻す
}
```

　WAV_HEADER_READ 関数自体が構造体 WAVFILE 型で定義しており，戻り値としてヘッダ情報を戻します。WAV_HEADER_READ 関数内では，1 つ 1 つのヘッダ情報を個別に読み込んでいます。ヘッダ情報を読み込むには，次のように記述します。

```
wav_in = WAV_HEADER_READ(fp_wavin); // WAV_HEADER_READ関数の
                                    // 戻り値をwav_inに代入
```

　ここで，fp_wavin はファイルポインタであり，ファイルオープン関数では次のようにバイナリデータを読み込むように指定します。

```
fp_wavin = fopen(ファイル名, "rb"); // rは読み込みモード,
                                    // bはバイナリ型ファイルを意味
```

　ヘッダ情報を用いて，WAVファイルに収録されている全データ数 N は次のように求められます。

```
N = wav_in.data_size/wav_in.block_size; // 全データ数
```

　また，ファイルに記録されている信号長 T は次のように求められます。

```
T = N/wav_in.sampling_freq; // 信号長
```

　データ数はファイルに依存するため，配列を静的に確保するやり方はコンピュータリソースの無駄遣いの原因となります。そのため，次のように配列を動的に確保します。

```
short int *input_data; // 配列input_dataへのポインタ

// 配列の動的確保
input_data = (short int *)malloc(N*sizeof(short int));

// 波形データの読み込み
fread(input_data, sizeof(short int), N, fp_wavin);
```

　収録ソフトウェアの第1章フォルダ内の「WAVファイル読込.exe」を起動してください。図A.1のような起動画面が現れます。

図 A.1　WAV ファイル読込.exe の起動ウィンドウ

　メニューバーの「WAV ファイル読込」をクリックすると，WAV ファイル選択画面が現れますので，読み込みたい WAV ファイルを選択してください。ここでは，データフォルダの「サンプル音声.wav」を選択します。

　図 A.2 にモノラル WAV ファイルである「サンプル音声.wav」を読み込んだときの出力画面を示します。このプログラムでは，入力信号値の絶対値の最大値 $|X_{\max}|$ を検出し，表示範囲が $-|X_{\max}| \sim |X_{\max}|$ になるように調整しています。

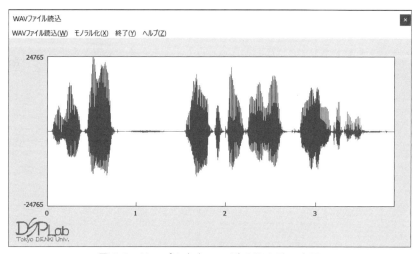

図 A.2　サンプル音声.wav 読み込み時の表示

　次に，データフォルダの「ステレオサンプル音声.wav」を選択してみます。図 A.3 にステレオ WAV ファイルである「ステレオサンプル音声.wav」の出力画面を示します。ステレオデー

タの場合，時刻ごとに左チャンネル，右チャンネルの順に記録されているため，fread 関数で全データをまとめて読み込むことはできず，1 つずつファイルから読み込むので，動作速度が遅くなります。高速化は，一括して読み込んだ後，配列上で左右チャンネルを判断すれば可能です。

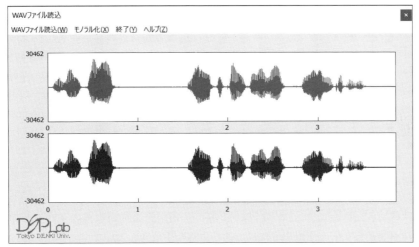

図 A.3 ステレオ音声.wav 読み込み時の表示

図 A.4 に示すように，「モノラル化」メニューから左チャンネルもしくは右チャンネルを選択すると，図 A.5 のようにステレオデータをモノラル化するとともに，ファイルに保存できます。

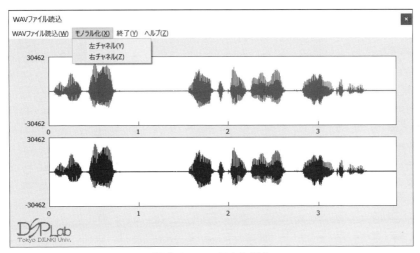

図 A.4 モノラル化操作

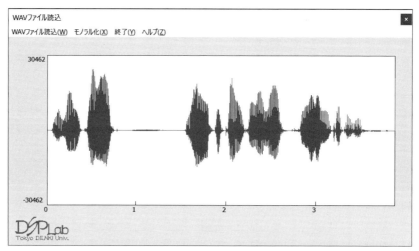

図 A.5 右チャンネル波形

WAV ファイルへのヘッダ情報書き込みには，リスト A.3 の WAV_HEADER_WRITE 関数を用います。WAV_HEADER_WRITE 関数は，出力ファイルポインタと構造体 WAVFILE 型の変数を引数とします。使用するには，次のような手続きを行います。

```
FILE *fp_wavout; // 出力ファイルポインタ
WAVFILE wav_out; // 構造体WAVFILE型変数

wav_outの設定;

fp_wavout = fopen(ファイル名, "wb"); // バイナリモードで出力

WAV_HEADER_WRITE(fp_wavout, wav_out); // ヘッダ情報の出力
```

この手続きに続いて波形データを次のような手続きで出力します。

```
// バイナリデータのファイル出力
fwrite(output_data, sizeof(short int), N, fp_wavout);
```

ここで，output_data は出力波形用配列を表しています。

リスト A.3

```c
// WAVファイルヘッダ書き込み関数
void WAV_HEADER_WRITE(FILE *fp, struct WAVFILE wavfile){

    fwrite(wavfile.RIFF,sizeof(char),4,fp); // RIFFの4文字
    // 総ファイルサイズ-8 (RIFF+riff_size)
    fwrite(&wavfile.riff_size,sizeof(int),1,fp);
    fwrite(wavfile.WAVE,sizeof(char),4,fp); // WAVEの4文字
    // fmtの3文字（4バイト）
    fwrite(wavfile.fmt,sizeof(char),4,fp);
    // fmtチャンクサイズ（チャンク部分の大きさ；16バイト）
    fwrite(&wavfile.fmt_chnk,sizeof(int),1,fp);
    // フォーマットコード（PCMの場合は1)
    fwrite(&wavfile.fmt_id,sizeof(short int),1,fp);
    // チャンネル数（モノラルは1，ステレオは2)
    fwrite(&wavfile.ch_num,sizeof(short int),1,fp);
    fwrite(&wavfile.sampling_freq,sizeof(int),1,fp);
    fwrite(&wavfile.trans_rate,sizeof(int),1,fp);
    // 1ブロックあたりのバイト数
    // モノラルは1サンプル，ステレオは1サンプル×2
    fwrite(&wavfile.block_size,sizeof(short int),1,fp);
    // 量子化ビット数
    fwrite(&wavfile.sample_bits,sizeof(short int),1,fp);
    fwrite(wavfile.DATA,sizeof(char),4,fp); // dataの4文字
    // 波形データのデータサイズ
    fwrite(&wavfile.data_size,sizeof(int),1,fp);
}
```

　なお，output_data に保存するデータは音声信号に限定されず，各種センサデータに対応可能です。その場合は，サンプリング周波数やバイト数などをヘッダ情報として設定してください。そのように作成した WAV ファイルは，本書で提供するソフトウェアの入力信号として用いることができます。

付録B　収録ソフトウェアについて

　収録ソフトウェアは，電気電子工学，情報通信工学，情報工学，機械工学などに関連する大学学部生，大学院生，高等専門学校学生，専門学校学生が自己学習に活用いただくこと，また先生方が授業，ゼミなどで活用いただくことを念頭に作成しております。また，現場の技術者の学び直しや実務への活用も想定しております。著者自身も2020年突如として現れたコロナ禍での遠隔授業では最大限活用いたしました。

　ただし，著者の浅学ゆえ，主に割り込み処理などは想定していない素人作りであり，特に波形を表示するソフトウェアでは，割り込みがあった場合，波形表示が消えるケースが極稀にあります。その点ご了解のうえ，ご利用いただきますようお願い申し上げます。

免責事項

　本書の収録ソフトウェアと音声データは著作権法により保護されており，貸与，改変，複写複製（コピー）することはできません。また，収録ソフトウェアや音声データなどを利用したことによる直接あるいは間接的な損害に関して，著作者およびオーム社は一切の責任を負いかねます。利用は利用者個人の責任において行ってください。

索　引

A

A/D 変換 ……………………………………… 48

D

DFT ……………………………………………… 57

F

FIR フィルタ …………………………………… 75
FIR フィルタ設計 …………………………… 175

I

IIR フィルタ …………………………………… 76
IIR フィルタ設計 …………………………… 134

Z

z 変換 ………………………………………… 94

あ

アンチエイリアシングフィルタ ……………… 54
安定性 …………………………………………… 85

い

位相特性 ………………………………………… 87
因果性 …………………………………………… 85
インパルス応答 ………………………………… 74
インパルス不変変換法 ……………………… 139

え

エイリアシング ………………………………… 54

お

オールパスフィルタ ………………………… 169

か

カットオフ周波数 ……………………… 3, 123

き

鏡像関係 ……………………………………… 170

極

極 ……………………………………………… 100

く

矩形窓 ………………………………………… 199
群遅延特性 ……………………………………… 88

こ

高速フーリエ変換 ……………………………… 57

さ

最小 2 乗法 …………………………………… 217
サンプリング …………………………………… 48
サンプリング周期 ……………………………… 48
サンプリング周波数 …………………………… 49
サンプリング定理 ……………………………… 49

し

周期 ……………………………………………… 44
周波数スペクトル ……………………………… 47
周波数特性 ……………………………………… 87
初期位相 ………………………………………… 44
シンク関数 …………………………………… 124
振幅スペクトル ………………………………… 47
振幅特性 ………………………………………… 87

す

スペクトログラム ……………………………… 68

せ

正規化周波数 ………………………………… 2, 55
正弦波 …………………………………………… 44
遷移域 ………………………………………… 27, 217
線スペクトル …………………………………… 47

そ

双一次 z 変換法 …………………………… 147
阻止域端周波数 ……………………………… 217

た

帯域除去フィルタ 11
たたみ込み 79
単位インパルス信号 72
単位円 26

ち

直線位相特性 179
直交性 46

つ

通過域端周波数 217

て

低域通過フィルタ 2
伝達関数 98

に

任意遅延 FIR フィルタ 225

の

ノッチフィルタ 156

は

白色ノイズ 17
ハニング窓 201
ハミング窓 203

ふ

フィルタ係数量子化 229
複素正弦波 46
複素フーリエ級数 47

ブラックマン窓 203
フーリエ解析 44
フーリエ級数 44
フーリエ変換 56
プリワーピング 151
フレーム化 62
フレーム長 62

へ

平均化長 18
平均化フィルタ 18, 187

ま

窓関数 199
窓関数法 199

む

無限長インパルス応答システム 75

ゆ

有限長インパルス応答システム 75

り

離散時間システム 72
離散時間線形システム 72
離散時間線形時不変システム 72
離散フーリエ変換 57
理想低域通過フィルタ 123

れ

零点 100

〈著者略歴〉

陶山健仁 （すやま　けんじ）

東京電機大学工学部電気電子工学科教授。博士（工学）

1971 年	徳島県生まれ
1998 年	電気通信大学大学院電気通信学研究科電子情報学専攻 博士後期課程修了
同　年	電気通信大学電気通信学部助手
1999 年	東京理科大学工学部経営工学科助手
2002 年	東京電機大学工学部電気工学科講師
2012 年より現職	

〈おもな著書〉
『ディジタルフィルタ　原理と設計法』（科学情報出版，2018）
『基本からわかる 信号処理講義ノート』（共著，オーム社，2014）

ソフトウェアで体験して学ぶ
ディジタルフィルタ

2020 年 11 月 4 日　　第 1 版第 1 刷発行

著　者	陶山健仁
発行者	村上和夫
発行所	株式会社 オーム社
	郵便番号　101-8460
	東京都千代田区神田錦町 3-1
	電話　03(3233)0641（代表）
	URL　https://www.ohmsha.co.jp/

© 陶山健仁 2020

組版　トップスタジオ　　印刷・製本　三美印刷
ISBN 978-4-274-22549-9　Printed in Japan

本書の感想募集　https://www.ohmsha.co.jp/kansou/
本書をお読みになった感想を上記サイトまでお寄せください。
お寄せいただいた方には，抽選でプレゼントを差し上げます。

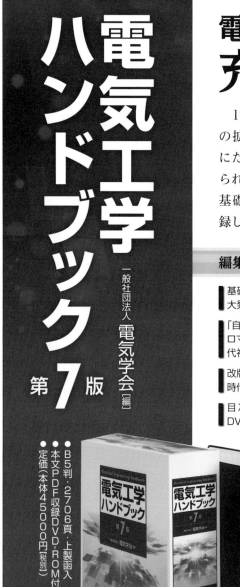